幻のユキヒョウ

双子姉妹の標高4000m冒険記

ユキヒョウ姉妹

木下こづえ・木下さとみ

はじめに

私たちは一卵性双生児。この世に20分差で生まれてきた双子。もしも、あなたが双子で、当たり前のように、自分と同じ顔の人間がそばにいたら、どんな風に感じるだろう。周囲から比べられてしんどいと感じることもあれば、友だちが2倍になって楽しいと感じることもあるかもしれない。でも、双子で生まれて、一番おもしろいと感じるのは、自分とは違う別の人生を生きる『自分』をリアルタイムで見られること。

幼い頃は、「双子ちゃん」として、お決まりのお揃いの服を着て、同じものを見て、同じ時を過ごして、ほぼ分身状態で過ごしてきた。「マナカナちゃん」さながら、同じ言葉を同時に発したり、テレパシー的なこともあったり。憧れのアーティストもふたりそろってユーミン（こと、松任谷由実さん）。男性の好みは違ったけれど。自分には常に、「あともうひとり」の自分がいた。

でも、ふとしたきっかけで、人の人生は動き出す。私たちにとってそれは、本屋さんで祖母から言われた「好きな本、とっといで」の一言だった。阪急の大阪梅田駅にある大きな紀伊國屋書店。祖母が言ってくれた一言にワクワクし、まるで宝物を探すように、たくさんの本棚を探索。それぞれにいっぱい歩き回って、姉のこづえは動物関係の本（『絶滅野生動物の事典』今泉忠明著、東京堂出版）を、妹のさとみは映像関係の本（『風の谷のナウシカ 絵コンテ1・2』宮崎駿著、アニメージュ文庫）を手にして祖母のもとに帰ってきた。当時、私たちは13歳。ここから自分のアイデンティティーを求めて、それぞれの人生がスタートした。自分らしくあるがままに。そう、憧れのユーミンが好きな言葉「自在」になぞらえて。

そんな双子がアラサーになったころ、別名「ゴースト・アニマル」と呼ばれる動物、ユキヒョウを追い求めてアジアの高山に繰り出した。ユキヒョウとは、世界で最も高いところにくらすネコ科動物で、人が足を踏み入れるのも困難な高山にくらしている。

動物研究者(つまり、フィールドワーカー)になった双子の姉・こづえと、コピーライター/CMプランナー(つまりは、オフィスワーカー)になった双子の妹・さとみのデコボコ双子姉妹が、モンゴル、インド、ネパール、キルギスのユキヒョウ生息地に挑む。そんなに高い雪山に挑むなんて、どれほど頼もしい体力の持ち主なんだろう？　と思ったかもしれない。こづえはよく言う、「あ、登頂を目指す登山はしていないので大丈夫です。ウンチを探して下を見て歩いてるだけですから」と。そしてさとみは言う、「アイアム、オフィスワーカー……」と。いったいこの双子は何をしにユキヒョウを追い求めて高山に挑むのか。

ユキヒョウを通して知った、野生動物がくらす世界、そしてそこで生きる人々の暮らし。それは、どこか遠く離れた異世界ではなく、今まさに、同じ時間が流れている世界。本書は、体力も能力も感性もほぼ同じ双子が、それぞれに違った職業と視点でユキヒョウの世界に触れ、10年の月日をかけて共に成長していった物語。ぜひ、三つ子になった気分で、野生のユキヒョウがくらす世界を一緒に旅してみて欲しい。

目次

第1章　モンゴル編

第2章　インド・ラダック編

第3章　ネパール編

第4章　キルギス編

ユキヒョウとは

哺乳綱食肉目ネコ科ヒョウ属に分類。学名は*Panthera uncia*。ロシア・中央アジアから南アジアにかけての12か国に生息し、世界で一番高いところにくらすネコ科動物。生息数は不明だが多くても推定8000頭未満とされ絶滅の危機に瀕している。寸胴な体型と長い尻尾を活かして、岩山の高低差を利用した狩りでブルーシープなどの餌動物を捕らえる。雪山に適応して毛が長く足裏までぎっしり生えている。冬に交尾し、春に1から3頭程度を出産。22か月ほどの長い育仔期間をもつ。日本では9つの動物園で観ることができる（2023年3月現在）。

日中は岩陰でくつろぎながら、山肌を見渡せる視界の開けた場所で獲物を探す。撮影地／キルギス

長い尻尾を高く上げ、岩壁に尿スプレーをかけてマーキングする。撮影地／キルギス

ユキヒョウ姉妹とは

希少種の保全・繁殖生理を研究している双子の姉・木下こづえと、コピーライターの双子の妹・木下さとみによる姉妹ユニット。2013年に、姉妹それぞれの専門性を活かした任意団体「twinstrust」を立ち上げ、以来、主に中央アジアでのフィールドワークを開拓しながら、ユキヒョウの保全活動に取り組む。目の下にホクロがあるのがさとみ、ないのがこづえ。姉妹揃って、6歳の時からユーミンの熱狂的なファン。

木下さとみ

コピーライター／CMプランナー。1983年生まれ。宮崎駿オタクの父の影響で13歳の時に映像制作の道に憧れ、大学で芸術工学を専攻。2008年電通入社。様々な企業、商品のブランディングに携わるなか、twinstrustでは、ユキヒョウの魅力を広く発信。生息地で得た経験から、社内にクリエイティブユニット「DENTSU生態系LAB」を設立。

木下こづえ

動物研究者。1983年生まれ。20分差で生まれた双子の姉。13歳から絶滅に瀕する動物に興味をもつようになり、大学で希少種の生理学を学ぶ。京都大学で研究・教育に携わりながら、任意団体twinstrustを双子の妹と立ち上げ、キルギスなどでユキヒョウの保全活動を実施。twinstrustでは、現地協力機関との調整、講演などを担当。

ユキヒョウがくらす場所は乾燥した高山。夏も雪が解けず万年雪が見られる場所もある。雪の上では足跡を見つけやすい。足跡は、前肢が踏んだ跡を後肢が踏むため、1本のラインのように見える。身体の大きさの割には大きな足裏をもつ。 撮影地／キルギス

生息場所はゴツゴツした岩場も多い。森林限界を超えているため植物はほとんどなく、低木が少し生える程度。白く少し黄色みがかった模様は、岩肌によく馴染む。岩崖に潜む姿は、まるで忍者。重心が低く、長い尻尾でバランスをとりながら急な崖も軽快に移動する。
撮影地／インド

1

2

3

5

4

6

現地の家畜と、ユキヒョウの餌動物の例。
① 家畜のゾ（牛とヤクの雑種）撮影地／ネパール　② 調査に同行した馬 撮影地／キルギス　③アルガリ 撮影地／キルギス
④マーモット 撮影地／インド　⑤ブルーシープ 撮影地／ネパール　⑥アイベックス 撮影地／インド

双子が初めて仕掛けた２台の赤外線カメラが捉えた写真。上写真は爪研ぎ跡のある木に、下写真はマーキング跡に設置した。奥にいる母親に倣って３頭の仔たちも口を開いて匂いを嗅ぐ仕草（フレーメン）をし、情報を収集している。撮影地／モンゴル

赤外線カメラの匂いを嗅いでフレーメンをする若いユキヒョウ（歯がきれい）。撮影地／キルギス
©Snow Leopard Foundation in Kyrgyzstan

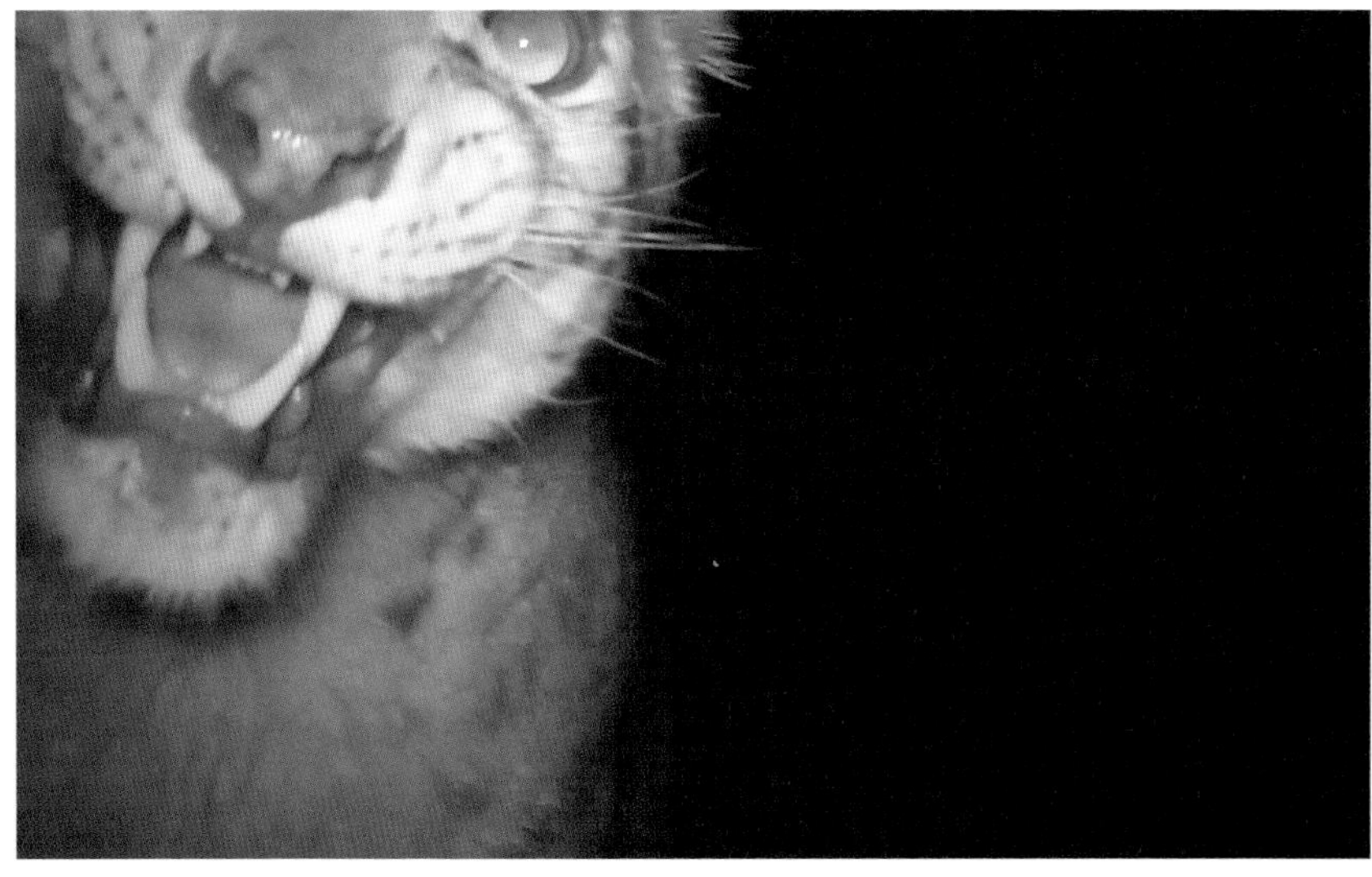

こちらはフレーメンではなく、赤外線カメラにむかってシャーと威嚇する雄のユキヒョウ。その音声も録音されていた。撮影地／キルギス

第1章

モンゴル編

○2013年11月1日〜11日

ユキヒョウの推定生息域

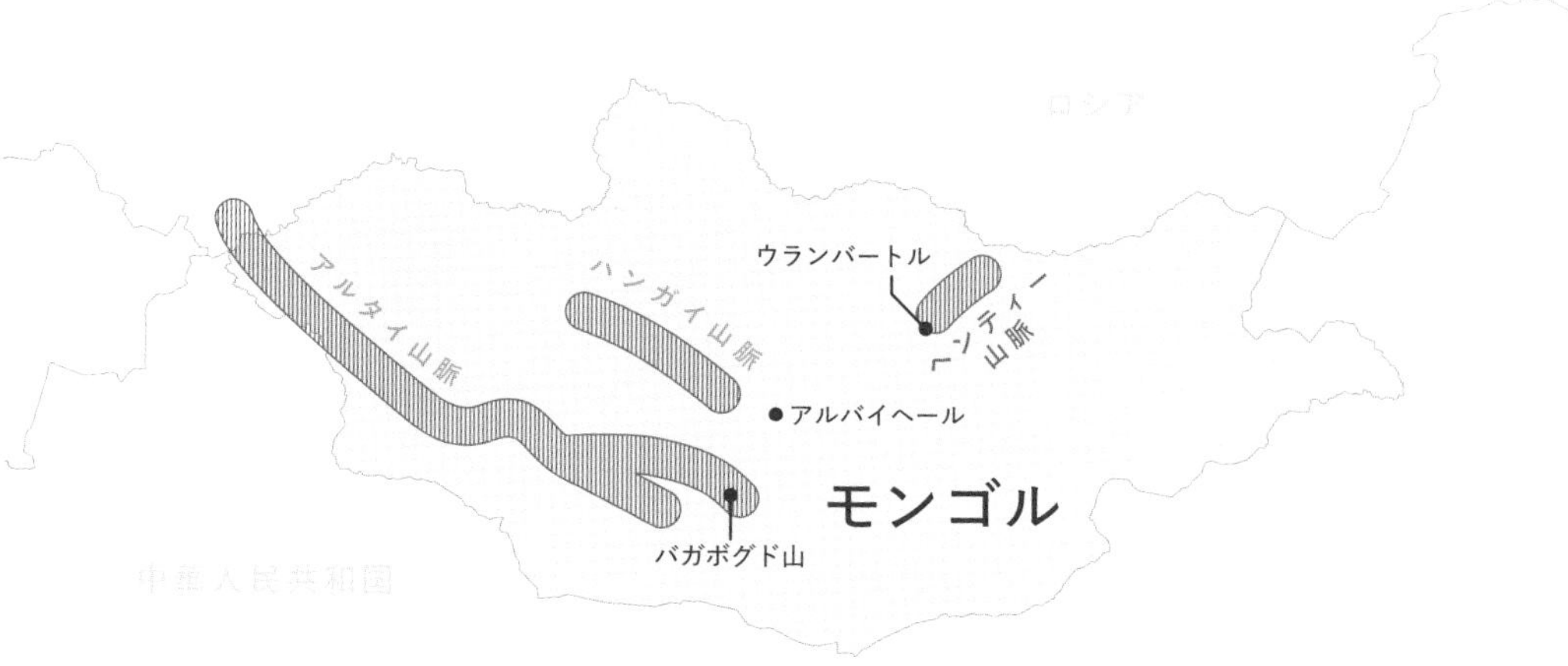

Chap. 1

幻の動物、ユキヒョウを追う

"Mongolia"

Writing by

✦

こづえ

天は大地にそそぎ　大地は天に溶け
私はうでをひろげ　世界抱きしめる
――（松任谷由実「SALAAM MOUSSON SALAAM AFRIQUE」より）。

標高3600メートル。小高い山の上から、荒涼とした冬の草原を眼下に望みながら、頭のなかでは大好きな曲がリフレインしていた。隣では、双子の妹のさとみが息を飲んで同じ絶景を見つめている。きっと彼女の頭の中も、まったく同じ曲が流れていることだろう。私たちは、姿形も趣味嗜好もよく似た一卵性双生児であると同時に、無類のユーミンファンという共通点で繋がっている。

夕暮れ時の草原は、ユーミンの歌詞のように、空と大地が溶け合って、地平線の境目が消えてなくなる。まるで白昼夢を見ているようだった。私たちを包む360度の世界が、淡いピンク色のグラデーションに染まり、私たち自身も夕陽の一部になったよう。ユキヒョウは、毎日こんな世界を見て生きているんだ。そう思うと、研究者の血がぞくぞくと騒いだ。

私の仕事は、野生動物の研究教育。繁殖やストレスなど、動物の生理状態を調べるのが専門である。子どもの頃から動物好きだった私が、ドードーやフクロオオカミといった絶滅動物や古代生物に興味をもつようになったのが13歳のとき。20世紀もそろそろ終わりを迎えようとする頃で、環境破壊をテーマにしたテレビ番組がたくさん放送されていた。私はその中でも絶滅動物を扱うテレビ番組に熱中していた。関連書を読むうちにさらに興味を引いたのが、人工繁殖についてだった。西アフリカなどに生息する絶滅危惧種のボンゴ。その人工授精仔の写真を見たときには、衝撃を受けた。「人工授精……。そうか！　絶滅から免れるには繁殖の力だ！」と、雷で打たれたように感動したのだ。

絶滅に瀕した動物たちを救いたい。その一心で私は2003年に神戸大学、2007年に同大学の大学院へと進み、哺乳類の繁殖生理学や人工繁殖技術についてがむしゃらに学んだ。幸運にも大学院では、13歳の頃にテレビ番組で観ていた楠比呂志先生の研究室に所属することができた。楠先生は、動物園や水族館で人工授精を手掛けていた第一人者だ。当時、私の日々のタスクといえば、先生に倣って動物園や水族館で死亡した個体から精子や卵子を回収して保存すること。そして、自然繁殖しない飼育個体の人工授精のお手伝いをすることであった。ただ、日々の研究活動で繁殖しない動物たちと関わるうちに、「なぜこの個体は自然に繁殖しないのだろう？　どうしたら自然繁殖を促せるのだろう？」と、次第に自然繁殖に意識が向いていくことになる。

当時、研究室では、大学の近くにある神戸市立王子動物園と密に連携して、とりわけ、ジャイアントパンダ、コアラ、ユキヒョウという希少種の繁殖に力を入れ、取り組んでいた。日本で研究者を目指すなら、いずれは国内の希少種であるツシマヤマネコあるいは、イリオモテヤマネコを研究したいと考えていた私が、「同じネコ科だし、やっておくといいかも」と軽い気持ちで研究対象に選んだのが、ユキヒョウだった。ユキヒョウといえば、大型ネコ科動物の中ではマイナーな存在。多くの人がそうであるように、最初は私もユキヒョウのことなどまったく知らなかった。初めて見たときの感想は「尻尾と毛が長いネコ科動物だなぁ」程度であった。

ユキヒョウとは、一体どんな動物なのか。ライオン、トラ、ヒョウ、ジャガーと同じくヒョウ属（いわゆる大型ネコ科動物）に分類される動物である。名前に〝ヒョウ〟とついているためややこしいのだが、アムールヒョウやペルシャヒョウのようにヒョウの仲間（亜種）ではなく、別種の動物である。現在は、大型ネコ科動物のなかでユキヒョウに最も遺伝的に近い種（近縁種）はトラとされている。しかしユキヒョウは、体長1メートル程度と、トラとは異なって大型ネコ科動物のなかで最も小さい。そして、すべてのネコ科動物のなかでも、あるいは陸上で狩りをする捕食者のなかでも、世界で最も高いところに生息する動物である。主な生息地は中央アジアで、ヒマラヤなど標高6000メートル級の山々が広がる高山地帯だ。

その範囲は、北はロシアから南はネパールまで12か国にもまたがっている。人が足を踏み入れるのも困難な場所にくらしているため「幻の動物」と言われる一方、高山の自然の豊かさを表す象徴種として選ばれていることも多い。基本的に生息地は国境だ。そのなかには紛争地帯も含まれており、国境だけでなく軍事境界線にもまたがって生息するユキヒョウは、いわば「国境なき平和の大使」のような存在でもある。

そのルックスももちろん大変に魅力的だ。大型ネコ科ならではのカッコよさと、大型ネコ科にしては小柄なせいか、また、頭が扁平でまるっとしているせいか、中型ネコ科のような愛らしさをあわせもつ。ずんぐりとした胴体で手足が大きく、尻尾が長いのが特徴だ。

標高3000メートルから6000メートルの寒冷な高山環境に生息しているため、全身を覆う毛は、長く厚くてふわふわ。その豊かな毛皮や、漢方薬を目的とした密猟、また、過放牧や温暖化による生息地の減少によって、個体数が減少していると考えられている。一時は、国際自然保護連合（IUCN）の『レッドリスト』で絶滅危惧種（EN）に指定されていたが、2017年からはランクがひとつ下がり、「危急種（VU）」（2023年3月時点情報）に指定されている。

研究のため、神戸市立王子動物園でユキヒョウを毎日観察していた私は、その奥深い魅力にどんどん心惹かれていった。隣で展示されていたジャガーやアムールヒョウと見比べても違いが多く見受けられ、いくら見ていても飽きることがない。実に個性的な動物なのだ。

例えば、大型ネコ科動物といえば「ガオー」とか「ウォー」と大きな声を出す（咆哮という）が、ユキヒョウは声帯が小さく、骨の構造が異なるため、大型ネコ科動物のなかでも唯一、咆哮ができない。動物園では、朝になるとオーケストラのごとく、あちこちで動物たちが鳴き騒ぐのだが、ユキヒョウだけはいつもひっそりと静かに朝を迎えていた。基本的に繁殖期になると「アオー」と鳴くことはあるが、それもライオンの「ガオー」のように心臓に鳴り響くような重低音ではない。軽めである。しかも、もっと小さな音のコミュニケーション方法ももっている。鼻にしわを寄せて「クスクス」と小さな音をたてるのだ。この行動を、私は「鼻鳴らし」と名付けた。これは、大型ネコ科ではトラとジャガーもできて、それ以外にウンピョウもできる。でも、ライオンとヒョウはできない。

身体的な特徴でいえば、やはりあの長い尻尾が魅力的だ。頭からお尻までの体長が約1メートルに対し、尾の長さも同程度、体長とほぼ同じ長さをもつ。高山の岩山を縦横無尽に駆け巡るユキヒョウは、斜面や雪上などで狩りができるように身体形態が特化していて、長い尾は、不安定な体勢でもバランスをとる役割をもつ。これだけ長いとどこかにぶつけたり、尾てい骨付近が凝ったりしないのだろうかとも思うのだけれど、どんな体勢であっても尻尾が地面に擦れてしまうなんてことはなく、先端はいつもカッコ良くヒュッと上がっている。動物園で見ていても、その姿は、実に美しく優雅だ。

さて、そんなユキヒョウを日々観察するうちに、私の中で「野生の姿を見てみたい」という気持ちはどんどんと膨らんでいった。そして、大学院を修了後、2012年に京都大学野生動物研究センターで日本学術振興会特別研究員になった私は、ついにその気持ちを抑えられなくなった。アフリカのチンパンジー、ボルネオのオランウータン、アマゾンのカワイルカなどなど、同僚や先輩研究者、学生たちが研究対象動物を追い求めて意気揚々とフィールドに出て行く姿を見るにつけ、羨ましくてたまらなかったのだ。

フィールドワークによる海外での野生動物研究は、新規開拓のハードルが極めて高い。研究を始めるには、すでに実績がある先生や関係者のツテを辿って参入していくケースがほとんどなのだが、野生のユキヒョウを対象とした研究者は、当時、日本に誰一人としていなかった。つまり、フィールドワークをしようにもその突破口が見つからなかった。

もっとユキヒョウのことを知りたい、研究したい、そして、知られざる魅力をもつユキヒョウのことをもっと世の中に伝えたい。でも、どうすればいいのかわからない。そんなくすぶった思いを、私はさとみに会う度にこぼしていた。そのことがその後、突破口となるなんて、当時は知るよしもなかった。

Chap. 1

研究者×コピーライターの双子ユニット誕生

Writing by さとみ

“Mongolia”

双子の姉・こづえが、研究者の卵として神戸大学で勉学に励むなか、映像制作に興味があった私は九州大学大学院を修了後、広告会社に就職した。仕事は、コピーライター兼CMプランナー。担当する企業やその商品、そして社会の課題に向き合ってアイディアの力で変えていくという仕事は、楽しかったしやりがいがあった。そんななか、伝えることを本業にした私は、こづえを通してユキヒョウのことを知り、興味をもった。

例えば、動物園の来園者がユキヒョウを見て、「あ、チーターだ」とか「ジャガーだ」と話すこと。ジャイアントパンダやゾウ、キリンのように名の知れた動物のところにはいつも人が集まっているのに、ユキヒョウの展示場の前では、滞在時間が短く、ほとんどの人が通り過ぎてしまうこと。ユキヒョウはとても魅力的な動物なのに、認知度が低く、その魅力がほとんど世に伝わっていない。こづえは、博士課程の学生として研究する中で、「こんなにもユキヒョウの論文を書いても、なかなかユキヒョウの魅力を広く伝えられていない」と嘆いていた。

私に何かできることはないだろうかと考えていた時に、ふとしたきっかけができた。会社の懇親会で、こづえの研究について話題にすると、とあるCMプランナーの先輩がおもしろがってくれ、「コピーライターの経験を活かして、ユキヒョウの歌を作ってみたら？」と助言してくれたのだ。その先輩は横尾嘉信さん。かわいらしいリズムと歌詞でCMを印象づけるのが得意な人だった。

歌詞をつくる？　初めてのことながらも、私は俄然やる気になった。そして、こづえからユキヒョウの魅力をヒアリングし、歌詞を書き、横尾さんにメロディーをつけてもらって完成したのが、「ユキヒョウのうた」だ。

「♪～ヒョウはヒョウでも白いヒョウ　ユキヒョウ～」をメインフレーズにした歌は、耳馴染みが良く、つい口ずさんでしまうような魅力的な歌になった。制作に関わってくれたメンバーも錚々たる顔ぶれで、歌い手は有名なCMソング「まねきねこダックの歌」のたつやくんに歌ってもらった。2011年10月のことであった。

まだ自分の代表作といえるものがなかった新米コピーライターにとって、自分で考えたものがカタチになったことは、ただただうれしかった。その達成感もあったのか、こづえの存在と、ユキヒョウのうたをきっかけに、私自身も気づけばユキヒョウの虜になっていて、保全活動への意欲がふつふつと湧き上がっていた。とはいえこの時は、研究者でもない私まで、ユキヒョウを追いかけて高山へ何度も繰り出すことになろうとは、想像もしていなかったのだけれど。

ちょうど歌が完成したその月、博士号を取得して一段落したこづえは、研究でお世話になった動物園にあいさつに回っていた。そんななか、札幌市円山動物園に行くということで、私も同行することにした。「ユキヒョウのうた」を引っ提げて、動物園と一緒に歌を活用した保全活動ができないか、相談したかったのだ。

円山動物園の元獣医師、向井猛さん（2023年現在、天王寺動物園 園長）を訪ねると、それなら旭川市旭山動物園の園長、坂東元さんに話を聞くのが良いかもとのことで、すぐに坂東さんを紹介してくださった。坂東さんは、動物園と野生を繋ぐべく、イノベーションを起こし続けてきた人だ。動物園の園長として、「動物園ができること」の可能性を広げ、それまでの動物園の常識を覆す「行動展示」（野生動物本来の動きをひきだす展示方法のこと）を実現。旭山動物園を一躍、全国的にも有名動物園に仕立てあげた。さらに、ボルネオの野生動物の保全活動（認定ＮＰＯ法人「ボルネオ保全トラスト・ジャパン」との共同の取り組み）にも尽力するなど、野生動物への貢献にも熱心な方である。

対面した坂東さんは、穏やかな人柄ながら、確かな情熱を胸に秘めたプロフェッショナルな方だった。保全活動について話が及ぶと、「生活の中で意識を変えないと、環境保全には繋がらないんです」と一言。ゆっくりとした、でも熱量を感じるその言葉に感銘を受けて、その日の日記帳に私はそっと記した。

北海道を去る前夜、向井さんが企画してくださった親睦会で、私たちは、さらに好機となるご縁をいただくことになる。集まったのは、同世代の女性ばかり。ガールズトークに花が咲いたあと、宴もたけなわというタイミングの時に、同席した環境省の方が、「そういえば、モンゴルで、現地のユキヒョウ研究者の調査支援をした上司がいた」と、酔いが一気に覚めるような話を始めたのだ。詳しいことはわからないので、後日上司と連絡がつけば紹介してくださる、という。ひょんなところから生まれた一筋の光を頼りに、私たちは帰路についた。

そして後日、朗報が来た。モンゴルでユキヒョウの調査支援をしたという上司の方から連絡をいただいたのだ。現地で保全活動を行う非政府組織（ＮＧＯ）「イルビス・モンゴリアン・センター（イルビスとはモンゴル語でユキヒョウの意味）」であれば、連絡がとれるとのこと。期せずして、その頃にはこづえも京都大学に異動し、フィールドワークで研究をする同僚らに刺激を受ける毎日を送っていた。こづえがずっと待望していたユキヒョウのフィールドワークのため、そして、「ユキヒョウのうた」を野生のユキヒョウに繋げるための突破口が見つかったのだ。

モンゴルと聞いた瞬間から、こづえはもちろんだけれど、私の心も浮き立つばかりだった。なぜなら、13歳の時に観た旅番組の風景が、私の脳裏には鮮明に焼き付いていたから。番組名はＮＨＫ「松任谷由実 モンゴルをゆく ホーミーへの旅」。登場する旅人は、憧れのユーミンだ。伝統的な音楽「ホーミー」を求めてモンゴルを旅するユーミンの姿は、ステージの上で輝いている時とはまた違う魅力を感じさせた。野性味にあふれ、生々しく、ドキドキするほどかっこいい。モンゴルの大自然と遊牧民の暮らしに触れ合うたびに垣間見える、そんなユーミンの新鮮な表情に妙に惹きつけられた。今思えば、私たちの冒険はこの瞬間から始まっていたのかもしれない。こづえと共に私もモンゴルに行きたい。そう心は固まっていた。

しかし、こづえと私のふたりで自己完結してしまっていいのだろうか。「生活の中で意識を変えないと、環境保全には繋がらない」という坂東さんの言葉がずっと胸に引っかかっていた。ユキヒョウのことを知ってもらいたい、自分がワクワクしているように、フィールドと人々を繋ぎたい。そして、それをユキヒョウの保全活動に発展させたい……。

そんな想いから、私たちはユニットを立ち上げることにした。研究者とコピーライター、双子それぞれの専門性を活かした任意団体「twinstrust」である。同時に、研究者とクリエイターがひとつになって、絶滅が危惧されるユキヒョウの魅力を啓蒙し、保全活動を志す「まもろうPROJECT ユキヒョウ」を立ち上げた。自己完結では終わらない道を選んだのだ。

そして新たに、プロジェクトの顔として、「ユキヒョウさん」というキャラクターを誕生させた。イラストは、どこかシュールで哀愁ただようタッチの馬込博明さんに依頼。研究者が関わっているからには、単なるゆるキャラではなく、形態的特徴をきちんと表現したいと思い、キャラクターづくりには細部にまでこだわった。さらには、アニメーターやWEBデザイナー、同僚のアートディレクターなどなど。多彩な協力者のおかげで、「ユキヒョウのうた」のPVとロゴが完成。いずれも高いクオリティを誇るクリエイティブ作品に仕上がった。

それらを引っ提げて本格的にプロジェクト化するべく、挑戦することにしたのが、当時、クリエイター周辺で流行りはじめていたクラウドファンディングだった。ユキヒョウのフィールド調査には、自動撮影用の赤外線カメラが必須になる。そこで、その赤外線カメラを購入するための支援を募り、返礼品として、「ユキヒョウのうた」CDや、赤外線カメラで撮影に成功した映像や写真などをお渡しする、というプロジェクトストーリーを考えた。保全活動への単なる寄付ではなく、赤外線カメラを通して、みんなで野生のユキヒョウを調査しているような、そんな体験を作りたいと思ったのだ。2013年5月、ついにプロジェクト開始。歌が完成してから、1年半が経った頃のことだった。

うれしいことに、クラファン挑戦期間中は、日本のユキヒョウ飼育動物園からも多大なる協力をいただいた。各園から飼育下のユキヒョウの写真や最新情報を提供いただき、クラファンのブログやSNS等で紹介しながら「日本のユキヒョウも応援中！」と盛り上げていった。

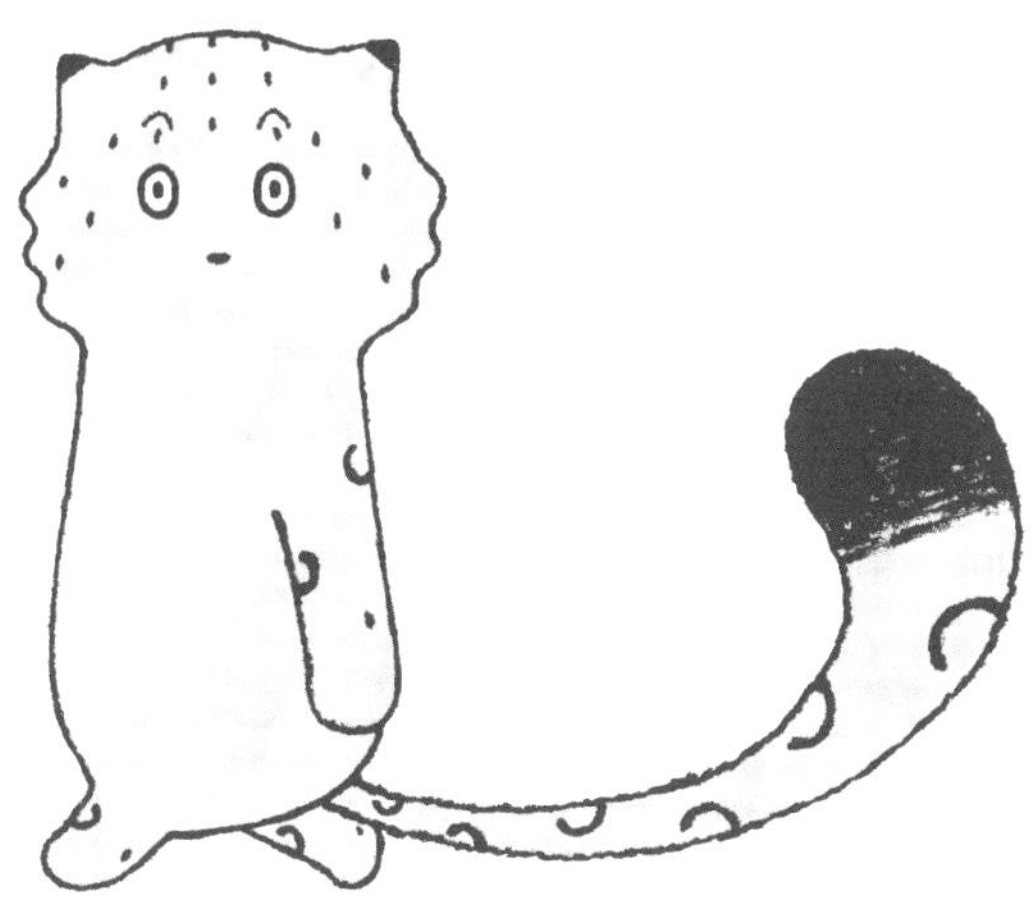

「まもろうPROJECT ユキヒョウ」のキャラクター「ユキヒョウさん」。ユキヒョウに興味のない人にも関心を持ってもらえるよう、ユキヒョウの形態的特徴を忠実に捉えながら愛らしく表現。

絶滅に瀕しているユキヒョウを助けたい。そのためにも生息地のモンゴルで保全調査をしたい。そうした想いに共感してくださった140人の支援者から、ありがたいことに約111万円もの支援金が集まった。その支援金で、調査に必要な赤外線カメラ8台を購入。そのカメラで撮影した映像や写真は、支援者への返礼品としてだけでなく日本のユキヒョウ飼育動物園で展示いただき、教育活動にも貢献することを誓った。

そんな風にたくさんの人の協力と支援のおかげで、2013年11月、私たち双子は、無事、モンゴルへと飛び立つことになった。どんなことが待ち受けているだろう。海外旅行の経験もそれまで碌になかったけれど不思議と不安はなく、ワクワクと心は躍るばかりだった。

標高3600メートル、モンゴルの奥地へ

Chap. 1 "Mongolia"

Writing by こづえ

私自身、海外でのフィールドワークが初めてという訳ではなかった。2012年に京都大学に特別研究員として異動してから、先生にお伴する形で屋久島や宮崎県にある幸島、タンザニアやブラジルなど、国内外のフィールドワークを数回ほど経験していたのだ。でも、単独でのフィールドワークは初めてだったし、さらに今回は初めての場所に、素人のさとみを連れていく。大きな不安とプレッシャーを勝手に背負い込み、機内でも楽しそうなさとみを横目に、私はずっと緊張していた。そのせいか、モンゴルの首都・ウランバートルに着いたとき、私はひどい頭痛に襲われていた。ウランバートルの空港近辺の標高は、約1300メートル。急な環境変化のせいもあったかもしれない。

目的地は、モンゴル中部、ウブルハンガイ県にあるバガボグド山（モンゴル語で小さな聖なる山という意味）。往復の移動を含め、調査の旅程は11日間だ。調査メンバーは、日本から私とさとみ。そして、環境省の方が繋いでくださった「イルビス・モンゴリアン・センター」のバリウシャア・ムンソックさん、調査に同行するドライバーのビャオさん、そして、ご飯をつくってくれるチェギーさんの計5名である。

ムンソックさんは、センターの代表を務めると共に、モンゴル科学アカデミーという研究教育機関に勤めていて、モンゴルではユキヒョウ調査の第一人者だった。

ウランバートルから高速バスに乗り、ウブルハンガイ県の県都、アルバイヘールへと向かう。7時

間にわたるロングドライブだ。車内にはウランバートルへ買い出しに来た人々と荷物であふれかえっていた。そこに外国人の私たち。不思議そうな目で見られながら席につく。高速バスの車内は、全てハングルで書かれてあって、韓国のバスを再利用しているようだ。

私たちは、一週間分の食材や調理器具を段ボールに詰め、バス車内の通路いっぱいに並べていた。しかし、道中、ちょっとしたアクシデントがあった。後部座席から小さな男の子が泣きながら前方に走ってきて、通路をふさいでいた私たちの段ボールの上でまさかのリバース……。ガタゴト揺れる車内は大人でも快適とは言えない。小さい子どもなら、車酔いして当然だ。急遽、大草原にバスを止めて、右側が女性、左側が男性の、青空トイレ休憩。さいわい、男の子も元気に回復し、食材は段ボールのおかげか奇跡的に無事だった。思いもよらぬ旅のはじまりに心を落ち着かせるため、カバンから取りだしたイヤホンをさとみと片耳ずつ分けて、ユーミンをただただ聴いた。あの有名な曲『中央フリーフェイ』を「右に草原、左も草原…」と替え歌しながら。

アルバイヘールではドライバーのビャオさんの家に一泊させてもらい、翌日はジープに乗ってさらにゴビ砂漠を抜けていく。何もないデコボコの平原をひたすら走り続けること、8時間半。気がつけば、極寒の青空ランチ以外、休憩なしで走り続けていた。昨日に続いてのロングドライブに私たちのお尻は、すでに悲鳴を上げていた。夕方、ようやくバガボグド山の麓にあるゲル（モンゴル遊牧民の移動式住居）に到着。近くには小さな湖があって、優雅に泳ぐハクチョウたちや、水を飲みに来たラクダの姿が見え、気持ちが和んだ。ゲルの中で荷ほどきをし、赤外線カメラの準備をすると、次の日に備え、その日は早めに就寝した。

調査期間中、お世話になっていたお宅のゲル。乾燥した草原にポツンとたっている。

バガボグド山の標高は、約3600メートル。ただし、山麓の標高が2000メートルほどなので、隆起部は1600メートル程度の小さな山だ。この山周辺にユキヒョウが生息していることは、ムンソックさんも前々から把握していたという。ユキヒョウの糞や、尿スプレーの跡があちこちで見つかっているからだった。ただし、今回のミッションは、それらを探すだけでなく、証拠として実際にユキヒョウの姿を写真に収めることだった。

保全を行うには、まず、生息エリアを把握しなくてはならない。しかし、寒さの厳しい山々に生息するユキヒョウは、行動範囲が広く、また警戒心がとても強いため、人間の足で直接観察によって探すことは不可能に近い。そうすると、ユキヒョウがいそうな場所に赤外線カメラを仕掛けるのが、ユキヒョウの姿を捉えるには最も実現性の高い方法になる。

翌朝、宿泊しているゲルから1時間ほど、ゲルのお父さん所有のジープで移動。ジープに乗ると、なぜか天井にも座席のシートのようなフカフカのクッションがついている。なんでだろう？ と不思議に思ったのも束の間、走り出してすぐにその存在の意味がわかった。ゴツゴツした岩場を走るため、車が激しくバンプし、頭が何度も天井に打ち付けられるのだ。もうこれ以上車は入れない、というところまで走ったところでジープを止め、そこからはユキヒョウの痕跡を探しながら歩いた。

痕跡とは、ユキヒョウの糞、尿スプレーや爪研ぎの跡のこと。尿スプレーは、長い尻尾を垂直に上げておしっこを岩に吹きかけるマーキング行動で、いわば垂直のマーキング。ほかにも、後肢で地面をかくスクレイプ（私はこの行動を「後肢こすり」と名付けていた）という、水平のマーキングもある。雪の上なら足跡が見つかる可能性もあった。ひたすら下を向いて糞を探す。糞は、極めて貴重な手がかり。研究者にとっては、宝石みたいに価値あるものだ。

歩き始めてから1時間半、野生のアイベックスに出合った。アイベックスは急峻な山腹に生息するヤギ属に分類される草食動物で、ユキヒョウの餌動物だ。私たちに気づくと、「断崖絶壁もなんのその！」といった感じで颯爽と走り去っていく。

そこから少し歩いたところで、ユキヒョウのものと思われる爪研ぎの跡を発見した。この辺りは岩場が多い環境のため、ユキヒョウの爪研ぎに適した場所はそう多くない。動物園で観察していたユキヒョウは、地面と水平に置かれた木の上でよく爪研ぎをしていた。地面と垂直方向だとやりづらいのだ。野生のユキヒョウでも、恐らく直立した木だと、研ぎにくいに違いない。斜めに立っていたその木は、見た瞬間からいかにも爪研ぎがしやすそうだと思った。そして、木肌をのぞき込むと、案の定、力強い爪痕が残っていた。

早速私たちは、ここに赤外線カメラを取り付けることにした。記念すべき1台目のカメラトラップだ。赤外線カメラは、動物や生きものがカメラの前を横切ると（草が揺れても反応するが）、自動でパシャ。対象物と周りの環境のわずかな温度差をセンサーが感知して、自動で撮影してくれる仕組みになっている。

気温は氷点下20から10℃。設置している間、手足の感覚がなくなるほど寒く、数分間、手袋を外しただけで手は赤くむくんでしまった。ユキヒョウは、きっとここに戻ってくる。そう想像するだけで、外気の寒さに反して心は温かかった。

斜めに立っていて、いかにもユキヒョウが爪研ぎしやすそうな木。記念すべき1台目を太い幹にくくり付けた。

初めて目にしたユキヒョウの生息地の姿。大草原に堂々と、そびえ立っていた。

Chap. 1 “Mongolia”

手がかりはウンチとオシッコ

Writing by こづえ

爪研ぎ跡の次は、尿スプレーの跡を見つけた。尿が吹きかけられた岩の下には、後肢を擦った跡もあった。イエネコは排泄後に前肢で砂を糞にかけ、糞を隠す行動がある。それとは異なって、ユキヒョウは排泄前に後肢で地面を掻き、掻き集まった土の上に排尿し、見せつけるようにその上に糞をだすのだ。

尿スプレーは、ネコ科動物に共通にみられるマーキング方法であり、イエネコがしているのを見たことがある人も多いだろう。ユキヒョウの場合は、人の腰の高さあたりを目がけ、高い場所に尿を吹きかけることが多い。実際、バガボグド山で尿スプレーを見つけた場所は、岩がハングしていて、見るからにスプレーしやすそうな地形をしていた。

爪研ぎ跡にしても、尿スプレーにしても、糞にしても。広いフィールドを闇雲に探すのではなく、私は、経験をもとに想像力を働かせ、予想を立てながら目を凝らしていた。ユキヒョウならこの道を通るだろう、ここでマーキングをするだろう、ここで昼寝をしたくなるかも……。そんな風に目星をつけ、実際に痕跡を発見することができると、言い知れないほどのうれしさがこみあげてくる。初めてのフィールドワークながら、痕跡発見の出来高が良かったのは、6年間動物園でユキヒョウを観察し続けた経験のおかげだった。

野生のユキヒョウの痕跡を発見するたびに、「姿は見えないけれど、本当にユキヒョウがいる！」と私は心を震わせていた。と同時に、動物園のユキヒョウたちにも思いを馳せていた。日本の動物園生まれで、小柄でおてんばなミュウ。フランスの動物園からお婿さんにやってきた、神経質で繊細なティアン。こんなところで生きていけるのだろうか。あんな崖、登れるのかな。すごいなぁ……、と。

11月でも所々に雪が積もっていた。さらに季節が進み、12月にもなれば、完全に雪と氷に閉ざされた世界になる。ゴツゴツとした岩と土しかない荒涼とした世界には、鳥や虫の声も一切なく、聞こえるのは冷たい風が耳に吹き付ける音だけ。生きものの気配がほとんど感じられなかった。生きものが生きていくには厳しく、寒くて、過酷な場所だ。でも、ユキヒョウはここで確かに生きている。

麓にあるゲルを朝出発して、一日中ひたすら歩き続け、赤外線カメラトラップを仕掛けて夕方またゲルに戻る。充足感にあふれてはいるが、身体はヘトヘトだった。そんな3日間を過ごし、無事に8つのカメラをすべて仕掛けることができた。成果がわかるのは、半年後。カメラを回収したムンソックさんが、データを送ってくれることになっている。どんな姿が写っているのだろうか。それはもう、待ち遠しくて仕方がなかった。

ユキヒョウの巣穴がありそうなゴツゴツとした岩山を
前に「ユキヒョウ〜！」と叫ぶこづえ。

当時の写真を見返すと、ムートンブーツ、耳当て、スキーウェア、スーツケース……。と、今じゃちょっと考えられないくらいの格好をしていて、恥ずかしくなる。雪山登山は初めてで、近くにあるものを必死にかき集めて飛行機に乗った。登山靴も、母親から借りたものだった。今なら、ユキヒョウ調査の時は、足首を守り、踏ん張りが効くガレ場用のハイカット登山靴、伸縮性や吸湿速乾性に優れた登山ウェアに、ゴアテックスの防寒着という格好が定番だけど、当時は、アウトドア用品なんてひとつも持っていなかったし、海外、それも標高の高い僻地で何が必要なのかなんて、まったくわかっていなかったのだ。

そもそも調査同行自体も、ワクワクばかりが先行して、この先何が起きるのか想像すらできていなかった。研究者でない私は、もちろんフィールドワークそのものが初めて。ただ、山が好きな両親の影響で子どもの頃からアウトドアやキャンプの経験はあったので、何とかなるだろうと根拠なき自信だけはあったのかもしれない。ところが、バガボグド山の険しい道を歩くなかで、肋骨と頭骨が半分むきだしになった冷凍保存状態のヤクの死体や、密猟者の焚き火の跡らしきものなど、ドキリとするようなシーンに遭遇するにつけ、「えらいとこに来てもうた……」と正直、動揺を隠せずにいた。普段オフィスワーカーの私にとっては、生と死が身近にあるモンゴルは、まるで別世界。想像以上に、刺激的だったのだ。

遊牧民の暮らしも、やはりカルチャーショックだった。モンゴル旅行でも観光用のゲル体験が人気だと聞くけれど、このとき滞在させてもらったのは、リアルな遊牧民のゲル。そこでは普段通りの遊牧民の暮らしが営まれていた。

子どもたちは通学のため寮生活を送っていて、ゲルは、お父さん、お母さんのふたり暮らし。山羊と羊を飼い、彼らの餌となる草を求めて季節ごとに移動しているという。お隣さんまでの距離は、目視できないほど何キロメートルも離れており、まさに自給自足的な暮らしだ。といっても、ほぼ肉食で、飼っている山羊と羊が主食。遊牧民の彼らにとって、山羊と羊は大切な財産で、食用だけでなく、彼らを売って現金収入も得ている。

調査中に見つけたヤクの亡骸。ユキヒョウかオオカミがおそらく捕らえたもの。頭骨と肋骨がむき出しになっている。

ゲルは、広々としたワンルーム。中には、トイレもお風呂も着替えできるような個室もない。日本にいるときは割と潔癖気味な私も、腹が据わるものなのか、モンゴルでは不思議とスイッチが切り替わり、プチ野性モードの自分が顔を覗かせた。トイレは青空だし、お風呂には1週間入れず、髪はぺったんこ。郷に入れば郷に従えだ。でも、なぜかそんな自分が心地いい。13歳の時に観た、あの番組の、野性味にあふれるユーミンに重ねていたのかもしれない。

青空トイレは開放的で、下手に中途半端なトイレよりも断然よかった。場所は決まっておらず、草原のどこでもOK。といわれても、どこか目隠しになりそうな場所をやはり探してしまう。窪みや岩の影などを覗き込むと、先客の痕跡に出くわすこともあった。視界が開けているモンゴルの大平原では、そういう場所が少ないのだ。

ちなみに、モンゴルの人たちはトイレットペーパーを使わず、そのへんの石ころでお尻を拭く。野性モードに切り替わったとはいえ、そこまではさすがに真似できなかった。

感動したのは、星空トイレ。夜、ゲルから外に出ると、見渡す限りすべてが星。視界を遮る障害物がないから、まるでスノードームの中にいるような感覚だ。満天の星たちに囲まれながら、あまりの美しさに、トイレに行きたかったことさえ忘れてしまいそうになった。

街灯がなく闇が濃すぎるため、月の光が際立つのも印象的だった。三日月なのに、光が強いおかげで、本来影になるはずの部分が浮かび上がり、満月のようにに見えるのだ。まるで月食のようにも見え、驚いたものだ。

モンゴル語を話すお母さん、お父さんとのコミュニケーションは、ほとんどボディランゲージ。通じないこともあったけれど、温かい人たちで心は通った。モンゴルでは、来客があると羊や山羊のミルクティーを出してふるまってくれる。といっても、茶葉感はあまりなく、ほとんどがミルクの飲み物だ。大学の卒業旅行としてこづえと行ったトルコで羊の肉にあたって以来、こづえも私も、どうも羊・山羊恐怖症……。だけどそれを気づかれないように半泣きになりながらも、笑顔で飲み下した。

遊牧生活の燃料は、家畜の糞。大平原がひたすら続くモンゴルでは、木材は貴重。日常的に手に入るものではないし、もちろん燃料の選択肢にはならない。草食動物の糞は、そのほとんどが植物の繊維からなっているため、糞を乾燥させて燃料として使う。家畜の糞を拾って、燃料をこしらえるのがお母さんの毎朝の日課のようで、まだ真っ暗な早朝、氷点下20度の極寒のなか、「ハッ」と強く息を吐きながら、堂々とゲルを出て行く姿が頼もしくてカッコ良かった。

モンゴルの朝は、外気に触れると一瞬で凍ってしまいそうなくらい寒い。寒すぎて、私たちはその姿を寝袋の中から目で追うことしかできなかった。自分はなんて非力な生きものなんだろう。普段は当たり前のようにやっていたコンタクトレンズの付け外しも、文明の力に頼らないと自分の手元すら見えないなんて、どれだけひ弱なんだと、その度に悶々と考えさせられた。誰にも頼らず自給自足している彼らを、心の底から尊敬した。

ゲルを去る日の朝、羊を解体するということで、その一部始終を見させてもらった。連れられてきたのは、丸々とした一匹の羊。一本のナイフを器用に使い、血を一滴も無駄にせずにゲルの中ですべてを取り分けていく。解体はものの15分で終了。羊は声をあげることもなく、あっと言う間の出来事だった。解体後、ゲルを出ると、真っ青な空に、冷んやりとした空気が、より澄んでいるように感じた。

ゲルの中で羊を解体するお父さん。バケツの中にあるのは羊の血。一滴も無駄にすることなく上手に解体していく。

何もなかったかのように佇む羊や山羊たちに囲まれて、ボーッと広い景色を眺めた。

遊牧民は、血の一滴すら無駄にすることがなく、腸詰めソーセージにして大切にいただく。毛皮も、暖をとるために衣服やゲルの壁などに活用する。ちなみに解体に使ったナイフは、日常的なカトラリーでもあり、焼いた肉はそのナイフで切り取ってそのまま食べる。なんというか、すべてに無駄がない。

自分たちの排泄物が大地の恵みとなって草が生え、その草を食べた羊を人間が余すことなくいただく。この地球上で、遙か昔から脈々と受け継がれてきた命の循環。ここには、密接に動物と人の関わりがあり、動物や自然の尊さを遊牧民たちは本質的に理解していた。豊かな自然がなければ、彼らの生活は成り立たない。

ユキヒョウやたくさんの動物、植物があること。それは彼らの生活の場が豊かであることの象徴なのだ。

でも、そんな彼らの豊かな暮らしも、資本主義が入ることで脅かされていると聞き、複雑な気持ちになった。鉱山の開発が進むなかで、動物たちの生息地は減り、遊牧民の生活の場も年々縮小しているという。また、極限環境で暮らす遊牧民は、気象や自然現象の予見をし、持続可能な遊牧生活をするための〝伝統知〟を脈々と受け継いできたが、それを知る人も減少。都市へ移り住む人が増えただけでなく、カシミアを売るために家畜の過放牧をしたり、それによって草原が枯れてしまったり、近代化によって遊牧民の暮らしそのものも急速に変わりつつあるのだという。

例えば、遠くの国にいる私たちによってカシミアセーターの需要が高まり、大量生産されたとしたら。それがまわりまわって、彼らの暮らしや、貴重な自然を脅かしていることにも繋がるのかもしれない。そして、それがまわりまわって、自然資源の減少、砂漠化、異常気象を引き起こし、都会で暮らす私たちの生活も、成り立たなくなるのかもしれない。そう考えると、何が正しいことなのか、わからなくなってしまった。

去り際、ゲルのお母さんが、羊のミルクで作ったお菓子を帰りに食べなさいと持たせてくれた。遊牧民にとって、貴重なおやつだ。ハグをしながら、その温かい心づかいに、私たちは思わず涙した。あんなにも苦手だった羊の匂いが、いつの間にかゲルのお母さん、お父さんとの思い出に変わり、日本に帰ってからもそのお菓子はずっと捨てられず大切に持っていた。彼らは、温かくて、逞しくて、生きる力にあふれた美しい人たちだった。

帰国後、高層ビルに通勤する日常へと戻った私は、気持ちの整理ができずにいた。地平線を見すぎたせいだろうか、パソコンの画面に焦点があわない。もちろん身体は動くし、仕事もしているけれど、どこか上の空というか、現実感がない。

街を歩いていて、道行くベビーカーにふと目が止まった。ベビーカーにはいろいろな便利グッズが付けられている。私たち日本人は、いつから文明の力なしでは生きられない体質になってしまったのだろう。遊牧民たちは、ベビーカーなんて、コンタクトなんかなくたって、逞しく命を繋いでいる。自然や動物たちとともに。

技術が発展し、経済成長とともに日本人は豊かになった。そう思っていた。でも、自然からこんなに離れてしまって、本当に豊かと言えるのだろうか。無自覚的ではあれ、遠くの自然を壊してまで、その豊かさを享受し続けていていいのだろうか。本当の豊かさって、一体なんだろう……。

悠久の歴史のなかで育まれてきた、地球本来の姿。それをモンゴルで見たおかげで、以前とは確実に違うなにかが、自分のなかに芽生えていた。

お世話になったゲルの家畜（羊と山羊）と、その群れの中央にしゃがむさとみ。13歳の時、ユーミンの番組を観て練習するようになった「ホーミー」を彼らに聞かせながら。

カメラが捉えたユキヒョウ親仔

Writing by こづえ

8か月後、モンゴルから小包が届いた。差出人は、ムンソックさん。待ちに待った、赤外線カメラの写真と映像たちだ。

爪研ぎや食べかけのヤク、尿スプレー、後肢で地面をこすった跡などなど、計8台のカメラを痕跡地に仕掛けたが、結果は大成功だった。思い焦がれた野生のユキヒョウが、それも何頭ものリアルな姿がそこにはしっかりと写っていたのだ。日付を見ると、仕掛けた数日後にすぐにやってきていたものもあった。姿は見えなかったけど、ああ、あのとき同じ空間にいたんだと思うと、感慨深いものがあった。きっとユキヒョウは見晴らしのいいところから私たちの姿を確認していたのだ。それで、「何してたんだ?」って数日後、赤外線カメラのもとに確認に来たのかもしれない。

一番大きな成果は、ユキヒョウ親仔の姿を捉えられたことだった。ユキヒョウは群れを作らず、単独生活を営む動物だが、母と仔が行動を共にする期間が長い。その育仔期間は大型ネコ科動物のなかでも長く、生後20から22か月くらいまでは母親と一緒に行動することが報告されている。ちなみに雌は親離れしても、しばらくは母親の近くでくらしていて、時々再会することもあるようだ。ネコ科動物は、雌が母親の行動圏の近くで命を繋いでいくという傾向がある。

赤外線カメラに写っていたのは、母親と3頭の仔どもたち。生後3か月程度の大きさなので、ちょうど巣穴から出て母親と行動できるようになって間もない頃かもしれない。バガボグド山は、隆起部1600メートル程度の小さな山だ。こんなに小さな山で、ユキヒョウの親仔が過ごしているという事実は、研究者としてはかなり驚きだった。ユキヒョウの行動圏は20から1000平方キロメートル前後と幅広い研究データがあるが、隣の山まではかなりの距離があり、この山を拠点に仔育てしていることは間違いがなさそうだった。しかし、残念なことに、その4か月後に撮影された映像では母親は1頭の仔どもしか連れていなかった。成長過程で他の2頭は亡くなってしまったのかもしれない。

親仔が写っていたカメラの近くに設置した別のカメラには、雄らしき個体も映し出されていた。正確な個体数は割り出せなかったが、小さな山にこれだけの数のユキヒョウがくらしている。それはつまり、資源が豊かだということを示していた。

この時は、糞を日本に持ち帰る許可を取ってなかったこともあり、糞分析のデータはなく、ユキヒョウの生理状態や食性などの調査はできなかったが、調査中にヤクの死骸やアイベックスを見つけるなど、餌資源の豊かさの一端を感じることはできた。現地でいくつかのゲルを訪ね、ヒアリングした限りでは、ユキヒョウによる家畜被害はなかった。自然の餌資源が十分豊かということなのだろう。高低差のある崖をうまく活用し、山を駆け下りて狩りをするユキヒョウだが、モンゴルでは平地部を歩くユキヒョウの姿が捉えられた映像もあった。もしかしたら、山だけでなく、山と山の間の平原でも狩りをしている場合があるのかもしれない。いずれにしても、絶滅の危機に瀕しているユキヒョウが、ここで命を繋いでいるという証拠が得られたことは大きかった。

親仔のユキヒョウは、口を開け、笑ったような表情で匂いを嗅ぐ様子（フレーメン行動）も見せてくれた。母親がまずマーキングの跡の匂いを嗅いで、仔どもたちも揃って母親の行動を真似るように、フレーメンをしながら懸命に匂いを嗅いでいた。フレーメンをすることで、通常の匂い嗅ぎよりも詳細な情報を得ているのだ。イエネコがやっているのを見たことがある人もいるかもしれないが、匂いの世界で生きている彼らにとって、仔どものうちから学ぶ重要な行動なのだろう。また、他の赤外線カメラでは、カメラに近づいた個体のドアップ顔写真や、カメラに手をかけて揺らす映像なども撮れていた。ユキヒョウの赤外線カメラトラップ調査では、こういったレンズに近づくセルフィー写真がよく撮れる。ユキヒョウは、好奇心旺盛な動物なのだ。

初めてのフィールドワークで、期待以上の撮れ高。研究者としての手応えはもちろん、140人の厚意に対し、結果を出せたことに安堵の気持ちも大きかった。撮れた映像や写真は、動物園やクラファンの支援者たちに提供した。ありがたいことに、ユキヒョウを飼育していた協力動物園（7園館）では、ディスプレイの設置や、映像に紐付いたQRコードの展示など、映像公開に向けて積極的に協力してくださった。野生のユキヒョウの姿は、飼育スタッフの方々にも刺激的だったようで、実際に野生のユキヒョウがくらす世界を見られて勉強になったなど、様々な感想をいただくこともできた。

動物園で自然繁殖を成功させるには、どのような飼育環境が必要なのか？　その答えを得るためには、彼ら本来の生息地がどのような場所なのか、どんな風にくらしているのかを、詳細に知ることが重要になってくる。そのためにも、フィールドワークは必要なのだ。

野生と動物園の架け橋になれたら……。初めてのフィールドワークを通して、私のユキヒョウへの想いはより一層強くなっていた。

〔上〕お世話になったゲルのお宅が所有していたラクダに乗せてもらうこづえ。大草原をラクダで闊歩するのはものすごく気持ちがいい。そして、コブがあたたかい。

〔下〕赤外線カメラ設置後、山の麓に暮らすゲルのお宅でユキヒョウの目撃調査をした際の一枚。遊牧民のお父さんはさとみの背中にもたれてパシャリ。

第2章

インド・ラダック編

〇2016年4月10日～23日
〇2016年7月20日～8月1日

ユキヒョウの推定生息域

カザフスタン
ウズベキスタン
キルギス
タジキスタン
アフガニスタン
パキスタン
中華人民共和国
ネパール
カラコルム山脈
ヒマラヤ山脈
ヘミスシュクパチャン
サスポーチ
パンゴン湖
ガイク
レー（空港）
インド
デリー

Chap. 2

霊長類、ときどき、ユキヒョウ

"India・Ladakh"

Writing by
✦
こづえ

モンゴルから帰国して1年ほど経った頃。私は、京都大学野生動物研究センターでの研究員の任期を終え、運よく京都大学霊長類研究所に就職。繁殖生理学を教える教員になっていた。主に動物園のオランウータンを対象とした繁殖研究に従事し、産婦人科医の先生や、ボルネオの熱帯雨林で野生個体を追いかけている研究者の皆さんと共同研究の日々を送っていた。オランウータンはユキヒョウとは違って、類人猿というヒトに近い動物。繁殖の面で、産婦人科医の先生からたくさんのことを学ぶ機会が多かった。霊長類を研究しながら「ヒト」を知る研究生活は、私の研究人生で新たな視点を与えてくれた貴重な日々となった。また、野生でもユキヒョウとは異なって、オランウータンは直接観察が可能な動物。木々が鬱蒼とする原生林の中で、フィールドワーカーの研究者らと野生個体を追って観察するのは新鮮で刺激的な経験だった。

それでも、ユキヒョウのことを忘れた訳ではもちろんなかった。愛車にはユキヒョウのぬいぐるみをいつも置いて、「いつかまた野生のユキヒョウを研究できたら」と心の隅ではユキヒョウに想い焦がれる自分がいた。その気持ちをつなぐように、さとみの方では、モンゴルで撮れた写真や映像を編集して、公式サイトやSNSで日々発信し続けていた。動物園での映像展示をきっかけに講演会や新聞、雑誌、ラジオでお話しする機会もあり、「霊長研・木下こづえさん」と紹介されながらも、ユキヒョウの話をし続けていた。

転機をもたらしてくれたのは、野生動物写真家の秋山知伸さんだった。秋山さんは、各地で野生動物の撮影を慣行。大学院で動物の生態学を学んだ経験もあり、動物の生態知識をもつフォトグラファーだった。秋山さんが度々訪れていたフィールドのひとつが、ユキヒョウの生息地であるインド北部に位置するラダック地方。そこで、現地の保全団体と協働して、ユキヒョウの保全活動とエコツーリズムを実現しようと画策していたところ、私たちの存在を知り、「一緒にやりませんか?」と、秋山さんがコンタクトを取ってくださったのだ。

インド北部、標高約3500メートルに広がるラダック地方。ユキヒョウの貴重な生息地のひとつだが、ユキヒョウの棲むエリアと人々の住むエリアが重なっており、そこでは、ユキヒョウが家畜を襲う被害が頻発しているという。そこで、家畜被害対策のための柵を設置し、さらにそのプロジェクト自体をエコツーリズム化し、活動を維持したい、というのが、現地の保全団体とともに秋山さんが進めようとしていた計画だった。

現地団体は、ラダックで活動する非政府組織(NGO)「スノー・レオパード・コンサヴァンシー・インディア・トラスト(以下SLCIT)」。ユキヒョウの調査をする保全団体で、彼らにはすでに柵設置の実績があった。ただ、資金が十分ではなく、被害実態に対して設置数が明らかに足りていない。そこで、そのための資金を私たちと一緒にクラウドファンディングで集めたいとのことだった。

当時の私は、立場上、霊長類の研究をメインとする教員であったが、任期付きの教員だったこともあり、今後、どこへ異動したとしてもユキヒョウの研究ができる環境を整えておきたいと考えていた。これを機会に、インドでもユキヒョウ研究の土台を作れたなら、そんなに有り難いことはない。

モンゴルの時は、ユキヒョウの生息地調査が主だったけど、今回のラダックでは、ユキヒョウと人との関係が大きなテーマとなる。どんな環境にユキヒョウが棲んでいて、人々の暮らしとどう密接に関わっているのか。きっと、日本では想像もできないようなシチュエーションだろう。それをこの目で確かめたいと思った。

〔上〕野生オランウータンがくらすボルネオの原生林。
〔下〕親子のオランウータンに出合えた。樹上で上手に育児中。

Chap. 2

目指したのは、確かなストーリー

Writing by さとみ

"India・Ladakh"

秋山さんからお声がけいただいた時、正直、私はすぐにYESとは答えられなかった。きっと次に繋がるかもという期待と同時に、2回目のクラウドファンディングが成功するだろうかという不安があったからだ。

クラファンの第2弾は難しい。周りで挑戦している人を見て、それをなんとなく感じていた。モンゴルの時と違って実績はあったし、支援者の方がインドでの活動も応援したいと思ってくれるかもしれない。しかも今回は、野生動物写真家の秋山さんという心強い仲間がいる。かといって、「じゃあインド編もいってみよう！」と勢いだけで進められるほど簡単なことではないと思った。

秋山さんの他に、3名の研究者たちもプロジェクトに関わっていることを知り、何度か彼らと打ち合わせを重ねた。

インドでの活動に必要なことは、①ユキヒョウの生息エリア調査、②家畜小屋の柵の設置、③現地の人々への環境教育　の3つだった。家畜被害を理由に現地では、報復心からユキヒョウを殺してしまう事例も少なくなかった。そのため、ユキヒョウが生態系を維持するうえでいかに大切かを伝える、③の環境教育も重要なテーマのひとつだった。

モンゴルをきっかけに保全活動の世界に足を踏み入れた私は、「共存」や「共生」といった言葉が気になっていた。家畜被害をなくすため、支援金で柵をつけ、それで守られた羊の毛でユキヒョウのフィギュアをつくり、支援してくださった人に返礼品としてお渡しする。彼らの話を聞くうちに、このプロジェクトが目指しているものは、家畜も人も、そしてユキヒョウの命も守れる、まさに「人とユキヒョウの共存・共生」だと思った。

そして、モンゴルでの活動後、気になっていたことがもう一つあった。それは、「寄付」という考えだ。社会的な取り組みや団体の想いに賛同して寄付することは素晴らしいことで、とても大切なこと。でもその一方で、実際に行動に移すにはハードルが高く、皆が当たり前のようにできることではない。もっと楽しくて参加したくなる体験、「気づいたらコレ支援だった！」くらいのものが作れたら、さまざまな社会課題に触れる人が増えるのではないかと思っていた。

家畜と柵と羊毛フィギュア。このプロジェクトストーリーなら、単なる寄付ではなく、体験として、ユキヒョウの保全活動に参加するおもしろさを届けられるかもしれない。いろんなピースが自分の中ではまり、ようやく心がワクワクしてきた。

それから準備を進めること約4か月。２０１５年10月にクラファンをスタートさせ、メンバー全員で尽力したこともあり、２４５人もの支援者たちから目標金額を集めることができた。

Chap. 2

"India・Ladakh"

新たな冒険の地、インド・ラダックへ

Writing by

✦

こづえ

ラダックへと旅立ったのは、2016年4月10日のこと。成田空港にさとみと、プロジェクトメンバーのひとりである研究者の菊地デイル万次郎さんと待ち合わせして、インド・デリー行きの飛行機に搭乗した。写真家の秋山さんは、数日前から先に現地入りし、準備をしてくれていた。

秋山さんを通して知り合った菊地さんは、当時は国立極地研究所の博士課程学生で、北海道の天売島やアラスカなどでフィールドワークをしていた。今回の柵設置には男手が必要ということで、フィジカル的な能力が高い菊地さんにも来てもらうことになったのだ。ちなみにこの時のラダックをきっかけに、菊地さんとはユキヒョウの共同研究者として、このあとも各地を一緒にフィールドワークするようになる。

日本から、首都のデリーまで9時間。そこから国内便に乗り、ラダック地方のレー空港までは1時間だ。国内線の空旅は、山の上空を飛ぶせいか、上昇気流にあおられやすく、かなり揺れる。世界最高峰のエヴェレストの次に高い名峰K2をはじめ、6000メートルから8000メートル級の山々の合間を縫い、飛行機は進んでいく。窓の外には、ゴツゴツとした岩肌が目の前に迫っていた。そこはまさしくユキヒョウの生息地。すぐそこにユキヒョウがいるように思え、ワクワクしながら着陸をした。

インドの最北端に位置するラダック地方。隣はパキスタン、中国、ネパールで、インドとはいえ、どちらかというとチベット地域に近い印象の場所だ。大部分がチベット系民族で、言葉もラダック語。人々の顔立ちも文化も宗教も、いわゆるインド（ヒンドゥー文化）のイメージとはかけはなれている。ヒマラヤ山系に囲まれた地形をしており、夏になるとトレッキング目当てに海外からたくさんの人がこの地までやってくる。また、空港のあるレーという街は、有名なインド映画「きっと、うまくいく」や「落下の王国」の舞台として知られ、標高4350メートルに位置するパンゴン湖をはじめとする名所もあるなど、日本人観光客も少なからず訪れているそうだ。

ただその一方で、ラダックは、隣接するパキスタンとの軍事境界線をもち、さらに中国との係争地域も含むなど、緊張状態が続く地域でもある。とある軍事基地の裏山では「SNOW LEOPARD」と書かれた文字を見つけた。ユキヒョウが強さの象徴として刻まれていたのかもしれない。

さて、エキゾチックな街並みに見惚れていたのも束の間、またしても到着早々、猛烈な頭痛が襲ってきた。ラダックは、標高約3000メートルから7000メートルの山岳地帯にあり、ここ、レー空港は、標高3256メートル。富士山の山頂付近にいきなり飛行機で降り立ってしまったようなものだ。高山病対策のため、事前に高山病の薬を服用していたものの、頭痛は一向に収まらなかった。また、薬のせいで利尿作用も激しく、トイレのそばから離れられない……。

辛くて横になりたいほどだったけれど、これからお世話になる現地の保全団体SLCIT代表のツェワング・ナムゲイルさんいわく、「絶対に寝てはダメ！　寝たら呼吸が浅くなって危ない。ひたすら紅茶でも飲んで喋っていなさい」とのこと。眠ると呼吸が浅くなるため酸欠になりやすく、高山病が悪化するのだ。美しい雪山を背景にしながら、紅茶を片手に……という本来であれば最高のはずのシチュエーションで、顔を引きつらせながらも談笑を続ける努力をした。

レーのホテルのベランダにて。ユキヒョウがいそうな雪山を眺めながら、はやる気持ちをおさえて紅茶を片手に、高山病対策の談笑を続ける……。

眠りそうになったら頬を叩いて　大声でお
互いを呼び合うの　苦しくてこれ以上進めな
く思えても――
いかけて～L'aventure au désert」より）

（松任谷由実「ホライズンを追

Chap. 2

「セブン・イヤーズ・イン・チベット」の世界

"India・Ladakh"

Writing by

さとみ

ラダックをきっかけに、ユキヒョウのフィールドに行くと、いつもこの曲が脳裏をよぎる。横を見ると、隣の椅子でこづえが目をつぶっていた。「寝たらあかん！」と声をかけて起こす。「寝てない、目つぶってるだけ……」としんどそうな声が返ってくる。頭痛を少しでも和らげようと、ホテルのベランダで外の空気にあたっていた。何もすることがなく、ただボーッと向こうにそびえ立つ山を見る。あそこにユキヒョウがいるのか。はやる気持ちを抑えつつ、身体が高山に慣れるのを待っていた。

実は到着して早々、レーの街から南東にあるガイクという場所で、ユキヒョウが出没したという情報が入った。番犬と家畜の仔牛が野生のユキヒョウに襲われて殺されたという。先に現地入りしていた秋山さんは菊地さんを連れ、SLCITのメンバーで動物を探すのがピカイチに長けたジグメット・ダドゥルさんとともにその村へ。すぐにでも駆け付けたい気持ちだったが、こづえの頭痛もあり、無理は禁物。私たち双子はまずは身体を高山に慣らすことを最優先し、レーのホテルで待機することにした。翌日には、野生のユキヒョウと対面できることを夢見ながら。

翌朝、5時半に目が覚めた。急いで身支度を整え、ホテルを出発して車を走らせる。レーの街には、街を象徴するようにユキヒョウの像があった。ここラダック地方では、ユキヒョウは「シャン(shan)」と呼ばれている。「会えますように」と願いながら、シャン像の横を車で通りすぎ、3時間半かけてユキヒョウが出没したという村を目指す。

朝になるとこづえの頭痛が治まっていたかわりに、今度は私がひどい頭痛に襲われていた。子どもの頃から不思議と、生まれた順に生理現象が起きる。こづえの体調に変化があると、次は私という風に。高山病は、到着後3、4時間後に感じることが多いと言われていたから、私は大丈夫なのかも、と少し安心していたのだけれど……。強めの頭痛薬を飲み、痛みをなんとかいなしながら、ガタガタ道を車でひた走った。

チベット高原に端を発し、インド、パキスタンと、約3200キロメートルの旅路を経てアラビア海に注ぐインダス川。車は、その川沿い、ほとんど崖っぷちのような険しい道を進んでいく。

激しい頭痛を幾分和らげてくれたのが、異国情緒たっぷりの美しい車窓だった。乾いた大地に恵みをもたらすインダス川のエメラルド色。山肌には次々に寺院が見え、ゴツゴツとした岩山の麓には家や集落が点在。カラフルなチベットの祈祷旗、タルチョが風にはためいているのが見えた。それは大好きな映画「セブン・イヤーズ・イン・チベット」の世界そのものだった。実話をもとにした登山家とダライ・ラマの物語がよみがえってくる。高校受験の面接で、映像制作の道に進みたいと語る私に、面接官の先生は、「最近見て良かった映画は?」と聞いた。その時にすかさず答えたのがこの映画だった。まるで自分が人生をかけて旅しているような、そんな魅力があったのだ。

途中、休憩のために立ち寄った家では、おじいさんがマニ車をくるくると回し続けていた。マニ車とは、チベット仏教の仏具で、時計回りにくるくると回すことでお経を唱えたことになるそうだ。この地域特有の岩絵も印象的だった。その名の通り、古代の人が岩に描いた絵のことで、ラダックは、貴重な岩絵がたくさんある場所だった。古いものは紀元前に遡るといわれ、本来は、保護するべき文化遺産のはずなのに、岩絵は無造作にコロコロと点在していた。羊や山羊などの家畜、草食動物のアイベックス、ユキヒョウの姿も描かれていて、古くからここには変わらない自然があったのかと思うと興味深かった。

レーから車で3時間。ガイクと呼ばれる場所にあるその民家は、岩山を背にポツンと立っていた。隣の家までは何キロもありそうだ。

いざ、ユキヒョウのもとへ。と、気持ちははやるものの、車から降り、まずは身体を慣らすため、ここでもティータイム。熱い紅茶を流し込むように、急いで飲んだ。そこから坂道を歩いていく。しかし、10歩進むだけでも一苦労。標高はほぼ4000メートルあたりで、レーにいたときよりも一気に身体が重くなった感覚だった。動悸息切れが激しく、急激に年老いた気分。いきなり80歳のお婆さんになったように感じた。

はやる気持ちとは裏腹に、亀のようなノロノロペースで坂を登り、番犬と仔牛が襲われた家にたどり着くと、なんと、そこからすぐそばの岩陰にユキヒョウの姿が！　こんなにあっけなく会えるものとは……。半ば拍子抜けしながらも、頭痛を一瞬忘れて、初めて見る野生のユキヒョウの姿に目が釘付けになった。

Chap. 2

"India・Ladakh"

野生のユキヒョウとの初対面

Writing by

こづえ

警戒心が強いうえ、人が足を踏み入れられないような山奥にくらすユキヒョウは、本来、人の前に姿を現すことはめったにない。だからこそ、幻の動物と呼ばれているし、研究者としても一生に一度会えるかどうかという心づもりでいた。おそらく、ユキヒョウが生息する12か国のほとんどではそういう感覚のはずだ。ただ、このラダックは違った。民家の裏山からこちらを見下ろすユキヒョウ。その姿は、孤高の頂点捕食者、というより、もはや里猫のような距離感……。それでも、念願の野生のユキヒョウに会えた歓びに私は包まれていた。

このお宅は牧畜民で、羊のほかに、牛と番犬を飼い自給自足的な生活をしていた。訪れたこの日、ユキヒョウは、捕らえた犬を持ち運び、崖の中腹に留まっていた。SLCITのスタッフが少しユキヒョウに近づくと、ユキヒョウは華麗な脚さばきと、太く長い尻尾でうまくバランスを取りながら、スルスルといとも簡単に急峻な崖の上へと逃げていく。さすがはユキヒョウ。堂々とした動きは野生そのもので、美しい。

そのまま逃げ去ったかと思いきや、捕らえた犬が惜しいのか、まだ家畜を襲いたいのか、その場を離れようとせず、崖の上から私たちの様子をずっと窺っていた。

そうこうしているうちに、ユキヒョウの出没情報を聞きつけ、インドの政府組織である野生動物局が民家までやってきた。人が暮らす場所に居着いてしまったユキヒョウを捕獲し、別の所へ移す計画なのだという。食べかけの犬の死骸と、前の晩ユキヒョウに襲われて死んでしまった家畜の仔牛をおとりにして落とし穴へ誘導。そこにユキヒョウが落ちたら麻酔をかけて、眠っている間に遠くへ逃がすという作戦だった。

崖の上のユキヒョウは、時々あくびをしながら人々が動く様子を、優雅に見下ろしていた。そのまましばらく時間が経ち、日暮れに差し掛かった頃。ひとけがなくなったのを確認したユキヒョウは、崖を降りながら、おとりに少しずつ接近。何度も慎重に様子を窺いながら降りてくる。眠たいのか？伸びをしたり、あくびをしたりしながらマイペースに降りてくるユキヒョウ。その愛らしさに、ふと野生であることを忘れてしまいそうになる。

どこまで近づいてくるのか、落とし穴で捕らえることができるのだろうか。私たちは固唾をのみ、ユキヒョウの動きを見守り続けた。

しかし、ユキヒョウは、私たちの気配を敏感に察知。さすが野生だ。一定の距離からは近づいてこず、そのうち名残惜しそうに何度も振り返りながらその場を離れていってしまった。

それから完全に日が落ちるまで見張り続けたものの、ユキヒョウが再び姿を見せることはなく、その日、私たちはこの民家に宿泊させてもらうことになった。

事件が起きたのは、20時。みんなで和やかに食卓を囲んでいた時のことだった。私たちがいた部屋のすぐ裏にある犬小屋から、聞いたことのないような断末魔の叫び声が聞こえてきたのだ。ユキヒョウは、人間がこしらえたおとりではなく、生きている別の番犬を襲ったのだ。

先頭を切って走って行った菊地さんは、わずか2メートルの近さでユキヒョウに遭遇。犬小屋にいたユキヒョウは、白く光った牙をむきだしにして威嚇するも、ライトを照らした瞬間に逃げていった。大型ネコのなかでは気が弱いせいなのか、ユキヒョウが人を襲って殺すようなことは、過去にも事例がない。トラやヒョウなら、こうはいかないだろう。それでも体長1メートルほどの肉食獣が威嚇する姿は、身の危険を感じるほど迫力がある。

犬小屋は、私たちがいた部屋のすぐ横にあった。総勢12人ほどが夕食をとりながら、料理を運んだりトイレに行ったり、頻繁にそこを出入りしていたことから、まさかここを狙うとは……思ってもみなかった。予想外の出来事に皆、動揺していた。

ユキヒョウは自分で狩った獲物が運べない大きさだった場合、その場にいったん置き去って、また食べに帰ってくる習性がある。おとりとして置いていた犬と仔牛の死骸は、民家からも少し距離があり、山から下りてきても回収しやすい位置にあった。それなのに、なぜおとり、つまりはすでに自ら殺した獲物の元に帰らず、身の危険を冒してまで生きた獲物を狙いに来たのか。おとりには人の匂いがついていたからか。生きている獲物の方が良かったのだろうか。あるいは、何か別の理由があったのだろうか。

人が考えることは、所詮、野生や自然には及ばない。あらためてそう感じさせられた出来事だった。

初めて出合った野生のユキヒョウ。
民家の裏山から、私たちを眺めていた。

Chap. 2

生と死が重なり合う場所

"India・Ladakh"

Writing by

さとみ

当時、私は日本で黒いポメラニアンを飼っていて、彼からたくさんの幸せをもらっていた。私にとって、犬はペットというより大切な家族の一員であり、何者かに襲われて突然命を奪われるなんてことは、もちろん考えられないことだった。

夜になっても頭痛が治らなかった私は、居間で横になっていた。だから、襲撃が起きた時も、その後も、犬の状態を確かめることもできず、何がどうなっているのかわからなかった。窓の向こうから、犬の怯える声が絶え間なく聞こえてきて、気づいたら顔の横を涙がつたっていた。犬への同情か、狩りを目の当たりにした衝撃か、自分でも理解できず、涙が勝手に出てきて止めようにも止まらない。一方で、この家の人たちは、襲撃後も取り乱すことなく団らんを続けている。それが不思議な感じがしたけれど、ここでは人も犬もユキヒョウも、必死に生きていて、被害者とか加害者とかではなく、生きものとして生死を分かち合っているのだと感じた。

ユキヒョウにとって捕食とは生きる上で必要な行動である。自分をふくめ、すべての動物は、他の命をいただいて生きているのだから、当たり前のことだ。それなのに。そこに涙する自分は一体なんなのだろう。自問自答しながらも、ただただ涙が止まらなかった。

その日の夜、ユキヒョウは諦めることなく、3回にわたって犬を襲いにきた。SLCITのスタッフが夜通しで監視し、ユキヒョウを追い払い続けていたため、犬が捕食されることはなかったが、翌朝対面すると、弱々しい視線と深い傷が痛々しかった。

周辺を見てみると、ユキヒョウの足跡があちらこちらにあった。私たちが寝ていた部屋の横にも。ここまで人を怖がらない様子を見ると、どうやらここのユキヒョウは人間を恐れていない。慣れっこになってしまっているのかもね、とこづえが言った。

この日の午後は、みんなで犬小屋に柵を取り付けることにした。網を張って石を固定していく。これで少しは、番犬たちも人間も心穏やかに過ごせますように。でも、あのユキヒョウも元気で命を繋いでくれますように。

生きものたちは、食物連鎖のなかで生と死を重ねながら逞しく生きている。わかってはいたが、理解はできていなかった。そんなヒリヒリするようなリアルな姿を見せられて、「自然との共生」という言葉の本当の意味を教えられた気がした。

Chap. 2

エコツーリズムを目指す村

"India・Ladakh"

Writing by

こづえ

犬が襲われた翌日。近くの民家でもユキヒョウに家畜が襲われたとの情報が入ってきた。襲った時間帯から、ここに来ていたユキヒョウとは別の個体のようだ。家畜被害の数は過去より増えているらしいが、身の危険を冒してまでも家畜を襲いに来るのはなぜか。その背景が知りたかった。そして、どのように人と共生していけるのかも。

民家の裏はゴツゴツとした岩山で、ユキヒョウの餌動物であるアイベックスがくつろいでいる様子も観察できる。人の生活の場とユキヒョウの狩りの場がこれだけ密接するラダックでは、家畜被害が生じた場合に、襲われた民家が報復のためユキヒョウを殺すケースも少なくないという。家畜小屋から出られなくなったユキヒョウに石を投げつけて死に至らしめることもあるそうだ。自分たちの貴重な財産である家畜を殺されてしまい、ユキヒョウを憎みたくなる気持ちはわからなくもない。でも、報復殺という行為は、絶滅に瀕するユキヒョウをさらに絶滅の淵へと追いやることに繋がってしまう。非常に難しい問題だ。もしもユキヒョウが絶滅したら、アイベックスなどの餌動物が増えて、ゆくゆくは牧畜業への影響だって否定できない。日本でオオカミが絶滅してシカが増えたように。

でも、もしも家畜を失っても、寄付や補償金があれば、人々はユキヒョウを憎まず、殺さずに済むかもしれない。そのために、現地の保全団体SLCITもお金が流れる仕組みを模索していた。と同時に、課題を解決するひとつの方法として彼らが進めていたのが、環境教育とエコツーリズムだった。

ラダックへ到着して4日目。私たちは、いったんレーに戻り、クラファンの返礼品として手配をお願いしていた羊毛グッズなどを受け取るため、SLCITの事務所を訪問した。

翌朝、レーから北西に車を3時間走らせて、道中、ユキヒョウの餌動物のウリアルの30頭近い群れを横目に、ヘミスシュクパチャンという村へ向かった。SLCIT主催のイベント「アグリカルチャー・プロダクション・シャン・エリア」（ユキヒョウのいる地域での農業生産）に参加するためだ。

ヘミスシュクパチャンは岩山の谷にある村で、常緑樹がたくさん自生している美しい村だった。岩山の間を縫うインダス川沿いに、段々がつくられ、そこに家々が連なっている。私たちが訪れた4月はちょうど杏の季節で、インダス川の前に無数に植わった杏の木が桜に似た花を咲かせていて、まさに桃源郷のようだった。この村では、杏を使った名産品なども作っており、ちょっとした観光地にもなっているようだ。しかし、ここでも昨晩、2頭の牛がユキヒョウに襲われたとのことだった。

イベントの開始は、朝10時。会場は、岩山から風が吹き付ける開けた広場で、体感温度はかなり低い。それでも、30分ほど遅れて私たちが到着した頃には、たくさんの人たちが地べたに座り、熱心にステージに耳を傾けていた。主なテーマは、有機農業の方法や、エコツーリズムで収入を得る方法など、この厳しい環境下で自然と共生しながらいかにして生きていくかについて。ユキヒョウをはじめ、この地方の自然環境を守りつつ、生計を成り立たせるための事業にフォーカスした奥深いテーマだ。

専門家の話を聞いたり、皆でマイクを回して意見交換したり。昼食を挟みながら（杏の種や地元で採れる野草を使ったラダックの伝統食。日本では食べたことのない穀物と野草に興味津々！）、イベントは17時半まで続いた。そんな長丁場でも、途中で帰る人もほとんどいない。地域一丸となってエコツーリズムを実現させるのだという、強い熱意を感じた。「シャン（ユキヒョウ）、見られた？」と私たちにも誇らしげに話しかけてくれるなど、害獣としてではなく、豊かな自然の象徴としてユキヒョウを認識しているように感じられた。ＳＬＣＩＴが熱心に関わっていることもあり、エコツーリズム精神が村人のなかにも根付いているようだった。

２日目のイベントは、ひょんななりゆきで私もレクチャーをすることになった。というのも、最初に「ドクター オブ アグリカルチャー」と紹介されてしまい、「この農作物はどうしたらいいのか」など農業に関する質問が投げかけられてしまったのだ。確かに、私は農学研究科を卒業したので「農学博士」ではあるけれど、農業を研究してきた訳ではない。軽くパニックになりながらも、伝わるように説明するのも難しいし、何かで応えないとなんだか申し訳ない……。ということで、２日目は即興のレクチャーを発表することにしたのだった。

テーマは、外国人観光客が来た時のおもてなし方法。ユキヒョウを観に来る人やトレッキングに訪れる観光客がホームステイをするときに、どのようにおもてなしをすれば良いのか。正しいホストファミリーになるための即興講義を行った。私と秋山さんが観光客の役で、現地の女性のひとりがホスト役。ドクター（博士）というより、もはや新人劇団員だ。素人の即興寸劇だったけれど、意外にもウケが良く、会場はそれなりに湧いていていてホッとした。

〔上〕村の女性たちが作ったアイベックスなどを模した羊毛フィギュア。
〔下〕SLCIT 主催のイベントの様子。大勢の観客を前に、日本人観光客を演じきる。

Chap. 2

気づいたら、ふたりぼっち

"India・Ladakh"

Writing by ✦ こづえ

ヘミスシュクパチャンからサスポーチとい う村へ移動した私たちは、明くる日、柵づけをする予定だった。しかし、ここでアクシデントが発生。菊地さんが倒れてしまったのだ。

ラダックに着いてからというもの、私たち双子は頭痛に襲われたり、10歩進むだけで激しい動悸と息切れを感じていたり。フィジカルの弱さを痛感していた一方、体力おばけの菊地さんは、まるで野生動物のようにポポポポポーンと軽やかに山を駆け上るなど、驚異的なフィジカル能力の高さを発揮していた。ただ、ここにきて、疲れが一気にでたのかもしれなかった。現地に来て数日が経っているので、高山病という訳ではなさそうだ。

熱がある上、唇は真っ青。測り方を間違えたのかもしれないけど、血中酸素飽和度（SpO2）を測るとなんと40％の表示。正常値は96～99％だから、ありえない数値だ。それでも本人は大丈夫だと言っていたけれど、目の痛みを訴えるようになり、その晩、秋山さんが同行してレーに戻り、病院に行くことになった。

さて、柵づけをするにあたり、頼みの綱だった男手がなくなってしまった。どうしようかね、ウチらだけになってしまったね、とボヤきながら、翌朝、部屋の前でさとみと歯を磨いていた。すると目の前の斜面に、アイベックスの群れが。こんなにも近くにくらしているのかと驚きながら、メンソールで凍りそうな口の中を急いで流した。

その日は、ＳＬＣＩＴのジグメットの提案で、ひとまず下見がてら、柵の採寸に行くことにした。語学堪能な秋山さんがいないので、私の拙い英語（その当時はまだ……）でジグメットとコミュニケーションを取り、柵づけ場所があるヤンタンという村に向かう。

私自身、これまでにアフリカやボルネオをはじめ、海外でさまざまな現地協力者とフィールドワークを共にしたことがあったけれど、ジグメットはかなり優秀なカウンターパートのひとりだと思う。崖っぷちの細道を、ジグメットは巧みに車を操って躊躇なく進んでいく。その様子を、「マリオカートみたい」とさとみがよく言っていた。確かに、車がぐんぐんと僻地を疾走する様は、現実感がなく、ゲームの世界のようだ。

運転が上手で頭が良く、動物や自然の知識も豊富なジグメットだが、レンジャーとして何より素晴らしかったのが、野生動物を発見する目だった。ＳＬＣＩＴ主催のエコツーリズムでも、「１００発１００中、ユキヒョウを見せるガイド」として評判だと聞き、納得した。ガタガタ道を運転しながら、遠くの岩にいるアイベックスを見つけた時は、その能力の素晴らしさに感嘆した。体色が背景の岩に同化してしまうため、遠くからアイベックスを見つけるのは至難の業なのだ。ましてや、運転しながらなのだから。車を止めてもらったものの、私たちは目を凝らしてもしばらくどこにいるか判別ができなかった。

動体視力だけでなく、ジグメットは気づかいもピカイチだった。「ご飯は足りてるか？」「お茶は飲んでるか？」「疲れてないか？」「夜は眠れたか？」と、とにかく気にかけてくれる。さとみは、そんなジグメットのことを「ジグメッ父ちゃん」と呼んでいた。確かに、お父さんみたいな安心感。おかげで僻地でふたりぼっちという状況でも、心細さを感じることはなかった。

〔上〕ジグメッ父ちゃんと望遠鏡で岩肌をセンサスしながらユキヒョウを探している様子。
〔下〕インダス川沿いにある村へと渡る橋。民家の裏山（岩山）はユキヒョウが狩りをする場所。

Chap. 2

"India・Ladakh"

ありがとうもさようならも「ジュレー」

Writing by さとみ

英語をほとんど話せない私は、ラダックでの滞在を、身振り手振りと「ジュレー」という単語ひとつでほぼ乗り切っていた。ジュレーとは、ラダック語でありがとう、さようなら、いいよいいよ、大丈夫などなど、複数の意味を持つ便利な言葉。乱暴に言ってしまえば、何でもジュレーで通じるといえば通じるのだ。

柵づけの寸法を測ったあと、私たちはホームステイ先のお母さんに教わり、現地の伝統食「チュータギ」を作ることになった。煮炊き用の大きな薪ストーブがある台所は、チベットの伝統的なキッチンという佇まい。壁際に大小様々な鍋がズラリと並んでいて、心が躍る空間だ。モンゴルでは家畜の糞が燃料だったが、ここでは拾ってきた材木を燃料に使う。その枝のひとつ、赤紫色の硬くて細い枝をしたミリカリアは、野生のユキヒョウも食べているそうだ。

チュータギとは、インドのパスタで、別名「ドンキーの耳」。大麦を水で溶き、捏ねて皮を作る。そして、香辛料をたくさん入れたスープで、じっくり煮込んでいく。お母さんの手元を見ながら、私たちも見よう見まねでドンキーの耳を形作っていく。どれどれと覗き込むと、こうするのよとスローモーションで教えてくれる。

ラダックの女性は、逞しくて温かい雰囲気を持った人たちだった。働き者で、優しくて、オープンで温かい。身に纏う民族衣装も、三つ編みのヘアスタイルも、どこかジブリの「風の谷のナウシカ」や「天空の城ラピュタ」の世界観を彷彿とさせるような異国情緒にあふれていて、心惹かれた。ラピュタのドーラにそっくりなお婆ちゃんがいたり、ナウシカのようにどこまでも純粋で力強い瞳の女の子がいたり。

「ジュレー。ジュレジュレジュレ！ジュレッ!?ジュゥレェ〜♡」

お母さんが何か言う度に、私は色んな想いを乗せて、ひたすらジュレーと答えた。言葉もわからないし、ジュレーしか言ってないのに、不思議と心は通い合っている気がして、すごく楽しかった。

そして、出来上がったチュータギの美味しさといったら。モチモチとした食感の生地に、ホクホクのじゃがいも、そしてクタクタに煮込まれた野草が、奥行きのあるスープに絡んでいて絶品。家庭で作る地ビール「チャン」も美味だった。家庭によっても味は変わるが、マスカットジュースのような風味で微炭酸。飲みやすさもあって、その日はつい、飲みすぎ&食べすぎてしまった。

〔上〕ラダックの女性は三つ編みヘアスタイルがとても似合う。彼女たちの笑い声と「ジュレ～」が響き渡っている。〔右〕ホームステイ先のお母さんと一緒に作ったチュータギ。美味しくておかわりした。

Chap. 2

ユキヒョウから家畜を守るために

Writing by ✦ こづえ

"India・Ladakh"

夜になると、片道何時間もかけてレーの病院から菊地さん、秋山さんが帰ってきた。菊地さんは、病名がつくような病気ではなく、やっぱり疲労が溜まっていたようで、病院での療養後、すっかり元気を取りもどしていた。そして次の日からいよいよ柵づけを行うことになった。

ユキヒョウから家畜を守るための柵は、今回、クラファンでいただいた寄付金の一部を使い、全部で3か所に設置する予定だった。SLCITでは、活動やエコツーリズムの一環としてこの柵づけを行っている。ただ、費用が十分ではないため、柵づけの普及にはまだまだ至っていないという。柵づけをするにも、材料費、人件費などお金がかかるのだ。

SLCITの過去の経験から、こうして柵にフェンスをつけることで、約90%もの家畜の命を守ることができたそうだ。家畜が傷つけられることがなければ、現地の人もユキヒョウを害獣として扱うことはなく、共に生きていくことに繋がっていく。

家畜が過ごすスペースには、すでに石積みの外壁ができている。でも、ただ囲ってあるだけなので天井がない。普段、崖の上から餌動物を狙って捕えているユキヒョウなら、簡単に侵入できるような状態。そこに、フェンスを設置し、ユキヒョウの侵入を防止するという作戦だった。

作業はかなりの重労働だ。まず、外壁を高くするために、石を積み、その間を泥で固めていく。続いて、石が積み上がったら、太く長い木の棒を固定し、その上にフェンスを敷いていく。それをしっ

ユキヒョウが家畜を襲わないように天井にフェンスをつけた家畜小屋。幸運を祈って白いシルクの布を木にくくる。

かり固定したら、完成。村人たちと協力しながら、1日がかりの大仕事だ。

完成した瞬間、みんなでハイタッチをして一体感に包まれた。言葉は通じなくても作業を共にすると、シンパシーが生まれる。ユキヒョウから家畜を守れますように、と祈りを込めて天井の木にシルクの布を巻いた。ラダックでは、別れの際などで幸運を祈る時に、白い布をかけることが多い。チベット仏教の風習のひとつだ。

作業中、現場を賑やかにしてくれたのは、野生のマーモットだった。人の気配を感じてか、石積みの音が地面を伝ってうるさかったのか、巣穴からでてきては、キャキャキャと騒がしく鳴いていた。マーモットは、ずんぐりとした身体に短い尾を持つリス科の動物で、アジア、欧州、北米の山岳地帯に生息する。なかでも、この辺りに棲むマーモットは、比較的大きく、ユキヒョウにとって格好の獲物でもある。マーモットは9、10月頃から3月頃までの冬の間、巣穴の中で冬眠をしている。一年の半分を寝て過ごすなんて、なんだかいいくらしだ。私たちが訪れた4月は、ちょうど冬眠明けの頃だった。にも拘らず、その体つきは冬眠明けとは思えないほど筋肉隆々で驚いた。やっぱり野生は逞しい。

ラダックは、私たちが訪れたユキヒョウの生息地のなかでも、最も野生動物に出合うことができた場所でもあった。アイベックスはドライブ中もよく見かけていたし、ホームステイ先の周辺にも現れていた。赤外線カメラトラップを仕掛けようと山を歩いていたときは、尾根線上にウリアルがたくさんいて、こちらを見下ろしていた。

遭遇は叶わなかったけど、ラダックには5種類のナキウサギがいて、彼らの糞と足跡を見つけたときは、その跡を辿って待ち伏せしたこともあった。ほかにもヤク、アルガリ、アンテロープ、ガゼル、ブルーシープなど、たくさんの草食動物たちがここでくらしている。そして、ユキヒョウをはじめ、オオカミ、リンクス、アカギツネ、ヒグマ、コツメカワウソ、ムナジロテンなど肉食動物も多い。

緯度が低いインドは、森林限界の標高が高く、場所によっては3500メートルを超えても木がたくさん生えている。特に、低木がふんだんに生えていて、動物たちの貴重な栄養源となっているようだった。

低木の中でもミリカリアはユキヒョウもよく食べているようで、山の中で発見した糞の中にも葉や枝がそのままの形でたっぷりと含まれていた。こんなにも消化できていないのに何のために食べているのか。ちなみに、神戸市立王子動物園で観察していた時も、雌のユキヒョウ・ミュウが木片をかじっているのを観たことがある。一緒に研究をしている学生が他の動物園でユキヒョウを観察した際も、木片とまではいかないが、植物の葉をたくさん食べていたそうだ。

よくイエネコでは消化を助けるため、毛を吐きだすために植物を食べるといわれているが、確かな研究データはない。学生が動物園のユキヒョウを観察して、植物を食べると吐く行動が増えるのか調べたが、そのようなことはなかった。また、糞を洗って毛と植物の関係を調べたが、特に植物が多いからといって糞から毛がたくさん出てくるわけでもなかった。なぜネコ科動物が消化できない植物を食べるのか、ミステリーである。

どこどこの村でユキヒョウに家畜が襲われたという情報は、滞在中、私たちのもとに何度も飛び込んできた。ラダックでは、やはりユキヒョウによる家畜被害が日常茶飯事のようだ。こんなにも豊かな自然があり、獲物も豊富にいるのに、ユキヒョウはどうして家畜を襲ってしまうのか。身の危険を冒してまで家畜を襲うのには、相当な理由がきっとあるはずだ。その原因を解明することも、大切な保全活動のひとつである。

Chap. 2　"India・Ladakh"

私が野生動物を研究する理由

Writing by ✦ こづえ

当時、京都大学霊長類研究所に在籍し、主にオランウータンの研究をしていた私は、それはそれで研究者として充実した日々を送っていた。霊長類を研究することの醍醐味は、やはり「サルを知ることで、ヒトを知る」という点にある。人間も同じ霊長類。他の霊長類とヒトとの違いを知ることで、「ヒト」という生きものを対照的に知ることができるのだ。

オランウータンは大型類人猿のなかで、唯一群れをつくらない。群れをつくるチンパンジーと、発情や妊娠、精子の違いを比較していくと、単独、あるいは群れで生きる彼らの繁殖戦略が見えてくる。彼らを捕食する者の存在や、採食物の豊富さなどによって、群れの構造が変わり、それによって繁殖の戦略も変わってくるのだ。ネコ科動物の場合、基本的に単独で生きるものが多く、妊娠に必要な排卵は交尾の刺激で起こるため、雌を見つけて交尾さえできれば、妊娠させることが可能である。しかし、霊長類の排卵は周期的に自然に繰り返されるため、雄は雌の排卵のタイミング、つまりは交尾のタイミングを計る必要がある。雌は排卵のタイミングを陰部の性皮腫脹でアピールしたりしなかったり、交尾を利用して雄と駆け引きすることで群れを維持する動物種もいる。霊長類は高い認知能力を活かして、適応して生きている。

あるとき、憧れのユーミンが研究所に遊びに来てくれたことがあった。映画「魔女の宅急便」に始まり、双子そろって小学生の頃からＢＧＭは常にユーミン。青春時代も大人になってからも、いつもユーミンの歌に励まされ、心震わされ、ユーミンとともに私たちの日々はあった。

きっかけは、ユーミンのインターネットラジオ（現：「うそラジオ Podcast 松任谷由実 はじめました」）だった。「鳥類しかいない神戸の花鳥園に行ったことがある」というお話をポロッとされているのを聞いて、さとみが「愛知には霊長類しかいないモンキーセンターがあるんですよって伝えてみたら？」と言ってきたのだ。

勇気を出してラジオのメールフォームにメッセージを書いて送ったところ、すぐに電話がかかってきた。なんと、収録中のユーミンからのアポなし電話だった。番組内で霊長類の話をするうちに少しずつ緊張がほぐれ、「愛知にお越しいただいたら、霊長研とモンキーセンターを私が案内します」と口走ると、まさかその2週間半後に、新幹線に乗って本当にユーミンがやってきた。

マネージャーさんから事前にご連絡があり、迎えた当日。いちファンとしてではなく、霊長類の研究者として案内することが礼儀だと思い、私は平静を装っていた。「アイ」や「アユム」という高い言語能力をもつチンパンジーのところへユーミンを案内すると、彼らを見た瞬間に「幻みたい。夢を見ているみたい」とユーミンが言った。いやいや、私の方が現実ではない。まるで夢を見ているような気持ちだったけれど、オランウータンとチンパンジーの発情の違いや、精子競争の話など、ユーミンは私の研究の話も楽しく聞いてくれた。

ユーミンは、本当に霊長類に興味津々だった。半日間、一滴の水も飲まずにずっと霊長類たちを観ていた。6月末で小雨が降り続けていたけれど、「熱帯雨林にいるみたい」といって終始傘を差すことも厭わずに。「人に興味があるから、霊長類を観ているのがおもしろいの」とユーミンは言った。

私自身も、オランウータンを研究する一番のおもしろさは、やればやるほど、見れば見るほど自分との違いや共通点を知ることができること、突き詰めていえば、自分を知るおもしろさが霊長類研究にはあると感じていた。だから、ユーミンの言葉に大いに共感するとともに、驚いた。

話せば話すほど、ユーミンはフィールドワーカーな方で、知的好奇心から様々な場所へ出かけたり、本を読んだり、生きものの誕生、生命の神秘に関して並々ならぬ興味があると感じた。それは、もちろん、動物を研究している私の興味とも合致していた。あまりに共感する部分が多く、もしかしたら、ユーミンの歌詞やメロディーを聴いて育った私は、趣味嗜好や考え方についても自然に影響を受けていたのかもしれないと思ったほどだ。

フィールドワークは私にとって、もはや欠かせない時間だ。動物園で研究していた時は、動物そのものへの興味が強く、人間に対する興味はそこまでなかったように思う。それがフィールドへ出るようになり、野生の姿を知ることで、より人との接点を考えるようになっていった。人と野生動物は、一緒に生きているということを思い知らされたからだ。

霊長類の研究では、自分が、つまり人間が何者かを知るおもしろさがあった。ユキヒョウの場合は、人と野生動物との軋轢を通して、人間をあらためて知り、そして、人との共生について深く考えさせられるようになった。それと痛切に向き合うことになるきっかけが、このラダックでの体験だったように思う。

私は、動物の研究を通して、人の姿を見て、そして、地球のことを見ている。というより、見ていきたいのだと思う。

Chap. 2

"India・Ladakh"

種類の異なる息苦しさ

Writing by さとみ

10日間ほどのフィールドワークを経て、私たちはレーの街に戻ってきた。まずは、無事にここまで終えられたことに皆、安堵していた。無事といっても、私はフィールドワークの途中で足を負傷してしまっていた。記念撮影に良さそうなスポットを見つけて撮ろうと思ったら、崩れやすい岩場を歩いてしまい、軽い生き埋めになってしまったのだ。完全に自分のせいだったから仕方がなかったけれど、そこから痛みは増すばかりで、足をうまく曲げられずにいた。

身体はへろへろで疲労はピークに達していたが、帰り際の高揚感もあって、飛行機で帰る前に、観光地として有名なカルドゥン・ラ峠へ立ち寄ることにした。ここは、海抜5359メートル（峠には18380フィート、つまり5602メートルと書かれた看板があるが、水増しとの噂も）。世界で3番目に高い標高を誇る道路といわれ、空港から車で行くことができた。

自分の足ではなく、車で行くなら楽勝だ。名前がカルドゥン・ラなだけに、軽々と♪ なんて思っていたが、10分おきに血中酸素飽和度（SpO2）を測りながら、車で一気に5000メートルまで上がっていくと、峠に着く頃には、全員の酸素飽和度が70％台になっていた。

高山病の薬を服用しているからかもしれないけれど、唇や頬のあたりがシュワシュワと泡立っているような感覚がした。歩くだけで息切れして、耐えられないくらいに苦しい。体力的に私が一番弱い存在であることを自覚していたので、迷惑はかけられないと、当時ハマり始めていたヨガの呼吸法をひたすらやっていたら、結果、誰よりも一番血中酸素飽和度が高かったのはちょっとだけ嬉しかった。

そんな場所なのに、一軒だけお土産屋さんがあって、そこで働いている人がいた。傍目には、ごく平然に見える売り場のお兄さん。彼の身体は一体どうなっているのだろう。

その日の夜は、レーのレストランで晩餐会。みんなとの別れが名残惜しくて仕方なく、こみあげるものがあった。翌日、レーの空港までジグメットが見送りに来てくれた時は、ついに涙を堪えられなくなった。こづえと違って研究者ではない私は、次いつ来られるのか、もう一度会えるのかさえわからない。優しかったジグメッ父ちゃんに感謝の気持ちでいっぱいだった。

レーの空港からはトランジットのため、今度はいきなり気温40度を超えたデリーへ向かう。デリーでは、5月から6月が最も暑い季節。帰国時は、4月下旬に差し掛かって猛暑になっていた。ラダックの最低気温は、氷点下20度から10度くらいだったから、気温差は実に60度だ。標高5359メートルにいたときとは違う意味で、立っているだけで苦しい。観光地クトゥブ・ミナールにいたシマリスも、暑くてたまらんといった感じで、腹ばいになって赤砂岩の上に寝そべっていた。

そして、13日ぶりに日本へと帰国。当時は、2020年の東京オリンピックに向けて開発が進む湾岸エリアに住んでいたこともあり、ラダックで見た景色とのギャップを一層に感じてしまった。標高5328メートルにいたときとも、デリーにいたときとも別の意味で、息が苦しかった。モンゴルの時もそうだったけど、フィールドでは風を肌で感じたり、生きものの気配や匂いを感じたり、高低差を全身で感じたり、五感を使うのに忙しくなる分、思考が止まっているように感じる。そのせいか、

野生のユキヒョウを見たガイクからレーの街に戻る途中、インダス川沿いの道で。

東京に戻ると、ジェットコースターに乗っているかのような目まぐるしさに襲われる。目に飛び込んでくる情報量が多く、それを処理するのに忙しすぎて、環境変化に心と身体がついていかないのだ。

視界に入ってくる生きものは、人間しかいない。高層ビルのフロアで一人、地に足がついていないような、どこか浮世離れした人間になってしまったのではないかと不安になることもあった。でも、モンゴルの時と今とでは違っていることがひとつあった。フィールドで得た経験が評価され、広告の仕事として、とある動物園の周年事業を任されていたのだ。現地で、自分の足で、肌で感じてきたからこそ、伝えられることがある。ここからが、私のフィールドだ。そう自分を奮い立たせ、足を引きずりながら、日常へと戻っていった。

Chap. 2

"India・Ladakh"

再び、ラダックの地へ

Writing by

✦

こづえ

半年後、私は再びインドの地へ戻ってきた。秋山さんはその後、ジグメットたちとの柵づけに関する活動を続けていたが、この時は、研究を開始するにあたり、研究者の菊地さんと私の2名でインドに赴いた。現地の研究機関との打ち合わせや、調査地としての下見も兼ねて前回仕掛けておいた赤外線カメラを回収する目的があったためだ。

仕掛けたのは、ヘミスシュクパチャンの裏山から通じる、標高4000メートルほどのウレーの谷。ジグメットの家からほど近く、周辺には、ミリカリアがたくさん入ったユキヒョウの糞が落ちていて、この辺りに棲んでいるという確信があった場所だ。

カメラを回収してみると、見事にビンゴ。ユキヒョウが確かに写っていた。さらに、他にもジグメットたちが仕掛けておいたカメラのデータには、なんと10個体ほどのユキヒョウが写っていたのだ（菊地さんが当時所属していた東京都市大学の学生が調べてくれた）。ここは、ユキヒョウのホットスポットと言ってもいいかもしれない。草食動物が豊富に見られ、家畜の襲撃数が多いことから、餌資源は相当潤沢だ。だからこそ、これだけの密度になったのだろう。

そんな知見を得た上で、私が掘り下げたい研究テーマは、やはり人との共存・共生だった。現地の人へのヒアリングによると、家畜被害の数にはある程度季節性があるとのことだった。ＳＬＣＩＴや現地の人は、餌動物が季節によって冬眠したり、降雪によって移動したりするため、餌動物数の変化によって家畜被害が増えるのではないか、と言っていたけれど、私は、違うアプローチからも原因を考えていた。

私の専門は、繁殖生理学だ。正確に調べなければいけないが、聞くところによると夏や冬に家畜被害は増えるという。ユキヒョウの繁殖スケジュールで考えると、冬は妊娠期で、夏は育仔期にあたる。家畜襲撃しているのが、雄なのか雌なのかもわからないけれど、もしかすると雌が多いのではないか、と推測していた。妊娠にも仔育てにも、エネルギーがいる。その時、襲撃しやすい場所に家畜がいたら、いい餌資源になるはずだと考えたのだ。

ユキヒョウがどうして家畜を襲うのか。その部分を研究で明らかにしたいと考えていた私は、今回の渡航で協力研究機関を訪ねた。そこは、インド南部の都市、バンガロールにあるインド科学大学。私が以前、研究員として在籍していた野生動物研究センターが、ゾウの研究などで共同研究を進めていた研究機関である。そこで、インドでユキヒョウの糞を分析するための協力を請いたいと思っていたのだ。

繁殖生理学を専門とする私にとって、糞は重要な手がかり。発情や妊娠にかかわる性ホルモン（いわゆる女性ホルモン）やストレスホルモンなど、糞の中にあるホルモンを調べることで、動物の生理状態がわかる。ウンチから動物の内面を知ることができると言ってもいいだろう。ただ、インドの場合、ここで採取した糞を遥か日本まで持ち帰るには、手続きや申請など複雑な障壁があり、現実的ではなかった。国外に出さず、研究設備が整っている研究機関で分析するのが一番だ。

インド科学大学の研究室へ挨拶に行ったものの、私のラダックでのフィールドワークは結局、ここで頓挫することになってしまった。相談した先生に、これ以上の研究はやめた方がいいと止められたのだ。ラダックは、軍事境界線であること。そのため、インド人でもラダックでフィールドワークを続けるのは厳しいということ。外国人である私たちが研究許可を取るのは至難の業である、と……。インド科学大学の協力なくして研究は続けられないため、その先生の忠告を受け入れる他なかった。ここで研究する意味をつかみ始めていた矢先の忠告。複雑な思いを抱えながら散々悩んだ挙げ句、ラダックでのユキヒョウ研究は諦めることになった。残念だけど、仕方がない。

しかしこの時に、インド科学大学の学生が有益な情報を教えてくれた。「バンガロールに事務所をもつ野生生物保全のNGO『ネイチャー・コンサヴェーション・ファウンデーション（NCF）』の理事を務めているチャルダット・ミシャラさんもユキヒョウを研究しているから会ってみたら？」と紹介してくれたのだ（チャルダットさんは、ユキヒョウ研究の第一人者で、シアトルに事務局をもつ非営利団体（NPO）『スノー・レオパード・トラスト（SLT）』の現代表である）。NCFに行くと、インドやネパール人の学生らが野生動物の研究に従事していた。

ただ、やはりラダックで研究できているのは、ラダック出身の学生だけのようだった。チャルダットさんに私たちの研究の話をすると興味を持ってくれ、「SLTで国際コーディネーターを務めるコウスツブフ・シャルマさんも興味を持ちそうだから、君たちのことを伝えておくよ」と話してくれた。ラダックでの研究は断念せざるを得なかったが、かろうじて小さな希望の光が見えた瞬間だった。

ラダックに来て、野生のユキヒョウをこの目で見られたことは何にも代えがたい経験だったが、それと同時に、ユキヒョウを「まもる」とはどういうことか、この視点をあらためて授かったことが私にとっては大きかったと思う。人との共存・共生という言葉が持つ意味、その実現の難しさを、ラダックに来たおかげで実体験として得ることができた気がする。それまでの私は、「野生動物と人との共存・共生」という言葉をきっと、どこか他人事のように口にしていたのかもしれない。

日本に帰って動物園に行けば、ラダックの人たちよりも、私たち日本人の方がユキヒョウを長く観察することができる。きっと旭川市や札幌市、日野市、名古屋市、神戸市、熊本市など、ユキヒョウが飼育されている動物園の近くで生まれ育った人たちなら、一度は遠足などでユキヒョウを間近に観ているはずだ。しかも、たくさんの日本人が「かわいいね」と言って観るそのユキヒョウは、現地の人にとっては、家畜を襲う害獣。それと同時に、生息地の自然の豊かさを表す象徴種だったりもして、そこに抱く想いはさまざまだ。

人との共存・共生と一口にいえど、その主体となる「人」は誰なのか。誰のため、何のための保全なのか。その答えは、今もまだない。恐らく研究者として、ずっと向き合い続けていくテーマのひとつだ。その大きな問いをもらえたことが、一番の成果だったかもしれない。

レーの街を出るところに設置されているユキヒョウの像。裏の岩山や雪山にはユキヒョウがくらしている。同時に、ユキヒョウがくらす場所は人が線を引くパキスタンとインドの軍事境界線でもある。

第3章

ネパール編

○2019年10月15日〜26日
○2022年5月16日〜6月13日

Chap. 3

You can do it! と言われても

"Nepal"

Writing by

✦

こづえ

残念ながらラダックでの研究は諦めることになったものの、「ネイチャー・コンサヴェーション・ファウンデーション」のチャルダットさんに繋いでいただいたご縁から、以降、ユキヒョウのフィールドワークは主な舞台をキルギスへと移すことになる。

ただ、その話をする前に、5回にわたるキルギス調査の合間、私が単身で訪れたネパールでのフィールドワークについて記しておきたい。私が体験したなかでも最も過酷だった、想い出深いフィールドワークのことを。

きっかけは、2018年にキルギスで開催された国際学会「コンサヴェーション・アジア」に参加したことだった。各国からさまざまな研究者が集結するなか、ネパールでユキヒョウを研究しているというネパール人男性に出会ったのだ。

20代後半と年若くも、ユキヒョウの保全活動に熱意を燃やし、研究者として生きる道を切り拓くべく精力的に活動する彼の名は、ゴーパル・カナルさん。インドの大学の修士課程学生をしながら、ネパール政府機関の国立公園・野生生物保全局で働き、保全活動を行うNPO団体「センター・フォー・エコロジカル・スタディズ（CES）」の代表を務めていた。その場では雑談をして終わったのだが、3か月ほど経った後、いきなり連絡があり、相談を受けた。

「ユキヒョウの保全活動をするにあたって、日本の地球環境基金に応募したいのだけど、日本語で申請しないといけないので手伝ってくれないか?」と。

地球環境基金とは、民間団体(NGO・NPO)の環境保全活動や人材育成を助成・支援してくれる助成金制度のこと。ゴーパルは、自身が主宰しているNPO団体「CES」で助成金を受けたいのだという。

送られてきた英語の資料を読むと、ネパールにおける人とユキヒョウとの軋轢問題にフォーカスした内容で、まさに私の研究分野とも合致していて、興味深かった。でも、申請の締切はなんと3日後。しかも私は出張の最中だった。膨大な英語の資料を翻訳して、書類にまとめるなんてとても無理だと思った。率直に「I can not do it(わたしはできない)」と答えると、「You can do it(きみならできる)」と無茶振りで返してくるゴーパル。後に、つくづく実感することになるのだが、ゴーパルはとても有能で信頼できる人物である一方、いささか強引なところがあった。それでいて、なぜか憎めない。だからこそ、若くしてやり手なのだろう。

結局、寝る間を惜しんで申請書を書き上げ、私が代理人として書類を提出。こんな一夜漬けの申請書、きっと通らないだろうと思っていたら、驚くことに見事に採択。それまで自分の研究費は碌に取れていなかったのに、なぜかこの時ばかりは、ゴーパルの言うとおり、I can do itしたのだった。

インド・ラダックで直面した、ユキヒョウによる家畜被害問題。国は違えどネパールでも、その被害は深刻化していた。ネパールのGDP(国内総生産)の12%は、家畜業だ。しかし、牧畜民が所有する家畜のなんと10%近くが毎年ユキヒョウによって襲撃されているという。それによって低所得者の生活が圧迫されるばかりか、国としての経済損失も大きい。また、絶滅が危惧されるユキヒョウは、

2008年以降、ネパールでは、年間221から450頭が死亡したと推察されているが（IUCNレッドリストの推定生息数からすると、かなり多い数に思える）、その死因の半数以上（55%）が、家畜の襲撃を受けた牧畜民による報復殺だという。

そうした人とユキヒョウとの軋轢問題を解決し、山岳環境保全に貢献すべく、活動の軸に据えたのが次の4つだった。

①6つの地域でユキヒョウ保全委員会を設置
②ユキヒョウの生息調査員として現地人材を「市民（村民）サイエンティスト」として育成
③ユキヒョウと餌動物の個体数をモニタリング（赤外線カメラの設置、糞の回収と分析）
④ユキヒョウによる家畜襲撃防止のための柵を設置

2019年4月からその助成金を使って活動がスタート。その年の10月に、私も現地へ合流し、調査と研究を手伝うことになった。

Chap. 3 "Nepal"

唯一の日本人として現地調査団へ

Writing by こづえ

ネパールには12の国立公園があるが、なかでも3555平方キロメートルと最大の面積を誇るのが、ネパール西部に広がるシェイポクスンド国立公園だ。標高は、2130メートルから6883メートル（カンジロバ山）までと、高山帯に位置する。そのなかに集落が点在し、1万人弱の人々が暮らしているとされている。

今回の調査フィールドは、このシェイポクスンド国立公園。ここも例外でなく、近年、ユキヒョウとの軋轢問題が深刻化。全世帯の60％が貧困ラインを下回る生活を送っているにも拘らず、牧畜民たちは、毎年多くの家畜を失っているという。

ゴーパルは、日本で言うところの林野庁や環境省のような国の行政機関に所属していて、その中で任されているのが、シェイポクスンド国立公園だった。ただ、国の予算だけではできることが非常に限られるため、自分で任意団体CESを立ち上げて、本業と並行してユキヒョウの保全活動を始めたのだった。

今回の私のミッションは、ユキヒョウの糞の採取方法を現地の市民サイエンティストたちに教えること。回収した糞のDNAやホルモン分析から、ユキヒョウの食性やストレス状態、発情・妊娠した個体がどこにいたのかなどを調べることで、ユキヒョウの生態をより詳細に知ることができる。

シェイポクスンド国立公園のユキヒョウの生息密度を明らかにすることも、軋轢問題を解決するための重要な課題のひとつだ。赤外線カメラとともにその鍵になるのが、糞である。データは多ければ多いほどいい。貴重な情報源である糞を、市民サイエンティストたちが日常的に回収する仕組みができれば、分析によって解明できることの質や量もより高まる。そして、いずれは市民サイエンティストたちが、現地の村人にもその方法や必要性を伝えることができたら、効果はさらに絶大だ。

CESの活動として、ゴーパルは、そんな理想的な青写真を描いていた。そのためのノウハウを伝授するのが、私の務めだ。

日本からたった一人で、ユキヒョウのフィールドワークへ行くのはこの時が初めてだった。さとみも、菊地さんもいない。現地で知っているのは、ゴーパルだけ。それも、実際に会ったのはキルギスの学会以来だったから、緊張や不安がなかったと言えば嘘になる。

No more tears No more fears 眠れない夜を越えてきっとわかる新しい愛に着陸できるよ
手を伸ばせばエヴェレストに届くような気持ち――（松任谷由実「KATHMANDU」より）。

いつも通りユーミンの歌を聴きながら、エヴェレストを横目に首都カトマンズに降り立った。予定は15日間。10月とはいえ、空気は冬の気配を帯びていた。ネパールへは、2011年に学会に出席するために一度来たことがあったが、当時とあまり変わっていない印象だった。一方で、この年の夏、さとみと行った2013年以来、6年ぶりにガゼルの共同研究でモンゴルへ訪れたのだが、その発展ぶりはすさまじかった。それに比べてネパールは、2015年に大きな地震があったこともあり、寺院は壊れたままだし、発展している様子は見受けられなかった。

翌朝、カトマンズ空港で、ゴーパルと10人の市民サイエンティストたちと合流。次々に自己紹介してくれるけど一度に名前を覚えるのはひと苦労……。ということで、ひとまず特徴と名前をサッとフィールドノートに記す。長身、三角顔、面長、ロンゲ、タトゥー、メガネ、ヒゲ……、ん? 光司さん?? 男性の中に一人、ドッペルゲンガーかと思うほど、さとみの旦那にそっくりな人がいた。皆気さくで、親しみやすいメンバーにホッとする。この男性8名に加えて、元気いっぱいの女性が2名。皆市民サイエンティストたちのほとんどが20代の若者で、皆エネルギーにあふれていた。彼らと国内線に乗って南下すること約1時間。インドとの国境付近にある街、ネパールガンジへ到着した。

今回、彼らの主なミッションは、赤外線カメラを設置し、ユキヒョウのものらしき糞を採取することである。ゴーパルの呼びかけのもと、ネパールガンジにあるホテルの一室でミーティングが開かれた。シェイポクスンド国立公園は、とてつもなく広大だ。国立公園は、西ネパールに位置するドルパ郡内にあるが、ドルパの周辺には北西と南にそれぞれ空港がある。今回のプロジェクトでは、公園内を6つの村ごとにブロックをわけ、それぞれに赤外線カメラを仕掛けていく計画だった。そのため、より効率的にまわれるように北と南でチームを分け、異なるルートからアプローチする、というのがゴーパルの立てたプランだったようだ。北ルートは険しい山々が多いということで、私は、2名の女性市民サイエンティスト、ディーパとヤンキーとともに南ルートで行くことになった。

地図を広げて、8キロメートル×8キロメートルのグリッドを引きながら等間隔に赤外線カメラを

市民サイエンティストたちとの夕食の風景。一番手前にいるのがこづえ。ラダックとそっくりなチベットの伝統的キッチンを囲んで。

設置するエリアを確認していく。カメラは満遍なく設置したいものの、場所によっては、急峻な山に当たることもあり、それをひとつずつ相談しながら決めていった。

活動自体は4月から進められていたものの、市民サイエンティストたちにとっても、これが初めてのフィールドワーク。装備を確認しながらパッキングを行い、旅の準備を整える。

といっても、私はこの時点で、おおまかなスケジュールしか把握してなかった。ゴーパルは、電話に会議にと常に忙しそうで、どんな行程を経て、どの地点に行くのか、ざっくりとした内容しか教えてもらえていなかったのだ。あとでしっかり確認しておくべきだったと後悔することになるのだが、この時は仕方ないと諦めて、翌日の移動に備え、早々にベッドに潜り込んだ。

Chap. 3

黄金色のヒマラヤ、空の旅

"Nepal"

Writing by

こづえ

翌朝の6時。まだ薄暗い中、私は、10人乗り程度の小さなプロペラ機に乗っていた。離陸前、パイロットが神妙な顔つきで、胸元で必死に十字を切っている。それも、何回も何回も。いつもおしゃべりなゴーパルもまっすぐ向いて何も話さない。何やら緊張感のある空気に不安が頭をもたげるものの、今さら自分だけ降りるなど許される状況ではなかった。

ネパールガンジから国立公園のあるドルパ郡までは、いつもこのプロペラ機で向かうという。他に陸路という手もあるが、時間がかかりすぎてしまうため、ほとんど選択肢にならないのだ。プロペラ機は、7000メートル級のヒマラヤ山脈の間を縫うように飛んでいく。1日1便、それも早朝しか飛ばないのは、空気の穏やかな朝の時間帯しか安全に飛ぶことができないため、ということらしい。

キャビンアテンダントらしき女性が1人搭乗してきて、飛び立つ前に何やら白くてフワフワしたものを皆に配り始めた。わたあめ？　と一瞬思ったものの、よく見ると綿である。みんながその綿をくるくると手でこねて耳に詰め始めたので私も慌てて真似をする。綿は、プロペラ機の爆音から鼓膜を守るための耳栓だったのだ。

キャビンアテンダントが、緊急時の対応について一応アナウンスを始めたのだが、左右の扉を指しながら大声で「Exit! Exit!」と言うのみ……。山間のため緊急着陸できる場所もなく、トラブルがあった時はもうお手上げ。なんと墜落するしか、選択肢はないのだそうだ。確かに、この山間部では救命胴衣があっても役には立たないだろう。

機内は、異様な緊張感。私も手に汗を握りながら、離陸後、機体が安定するまで必死に座席にしがみついていた。ただ、次第に窓の外に広がるヒマラヤの風景に引きこまれ、自然と心が落ち着いていくのを感じた。

プロペラ機は、空気が澄んでいる時間帯にしか飛べないというだけあって、空はとてもクリアだった。朝日とともにヒマラヤの万年雪がピンクや黄金色に染まり、何とも言えない輝きを放っている。稜線を眺めると、雲が滝のように上から下へと流れ落ちていく姿が圧巻だった。雲の上にはいくつかの山頂が顔を出し、まるで空の海に浮かぶ島のように見えた。目を疑うほどの大絶景に、私はすっかり心奪われていた。

約30分の空旅を経て、ドルパの空港に到着。空港といっても、一本の短い滑走路があるだけ。それも猫の額ほどの小さなスペースだ。その短い滑走路に人がひしめき合って並んでいる。彼らは、この後、ネパールガンジに戻るこのプロペラ機の乗客たちである。プロペラ機が今にも誰かを轢いてしまうんじゃないかとヒヤヒヤしながら降り立った。

ドルパの空港は、標高約2500メートル。そこからは、車で1時間半ほど砂埃が舞うガタガタ道をひた走る。少しうとうとしかけていたところ、エンジン音が止まった。到着したのかと思ったら、ここからは徒歩だという。目的地が川の向こう側だから、これ以上、車では進めないということらしい。

ところどころボルトが外れ、今にも崩れ落ちそうな長い橋をおそるおそる渡りきり、30分ほど歩い

ネパールガンジからドルパに向かうプロペラ機の中から撮った一枚。山がまるで、宙に浮いているかのような不思議な景色だった。

たところに小さな集落、スリガドがあった。シェイポクスンド国立公園の入口にあるこの村は、国立公園の管理事務所のような小屋をもち、ここで一泊して、翌日からユキヒョウの生息地へと向かうという。

小屋は、ビジターセンターのような機能を持ち、英語のパンフレットも置いてあった。当時、ネパールでは、2020年をツーリズムイヤーと位置づけていて、国中でその気運が高まっていた。「2020（トゥエンティ・トゥエンティ）」と聞くと日本人の私は「トーキョーオリンピック？」と聞き返したくなったが、ネパールの人たちは口をそろえて「ネパール ツーリズム イヤー！」と言っていた。この日の夕方、市民サイエンティストたちと1時間ほどかけて隣村のドゥナイにも行ったが、この村も観光客誘致に向けて外国人の受け入れ準備を進めていたようだった。

皆が市場で買い物をしていると、村の子どもたちが何やら真剣にテレビを観ている。覗いてみると、なんとテレビには藤子・F・不二雄のアニメ「キテレツ大百科」が。ドラえもんでなくキテレツだ！と驚いた。ん？　でもよく見てみると画面の右上に「ディズニーチャンネル」の文字が……。謎は残ったけれど、遠く離れた異国の地で日本の文化に触れられてうれしかった。夕飯は、スリガド村のお母さんがお手製のネパール料理を届けてくれた。スパイシーだが、土地の野菜がたっぷり使われていて美味だった。

ドルパ郡は、北は中国のチベット自治区との国境にあたり、三方がヒマラヤの山々に囲まれたネパールの最奥地だ。その一角にあるシェイポクスンド国立公園は、長らく地図にも載らない、ネパールでも秘境と呼ばれるような場所だったと言われている。

ジョージ・シャラーという世界的に有名な動物学者がいて、彼がかつてユキヒョウを追い求めて訪れた場所が、このシェイポクスンドだった。そのとき、彼に同行していたピーター・マシーセンが綴った著書『雪豹』では、この土地の豊かさとともに、結局、ユキヒョウに会うことは叶わなかったこと、いかにユキヒョウが尊い存在であるかが綴られていた。今でこそプロペラ機でのアプローチが可能になったものの、陸の孤島のようなこの場所に、かつて研究者が立ち入ることは、かなりの困難を極めた。恐らくジョージ以来、ここでフィールドワークを実現した研究者は片手で数えるほどだろう。まさに手つかずの場所だ。その突破口を開いたのが、やり手のゴーパルだった。おかげで、私もこの地を訪れることができた。

「キテレツ大百科」に釘付けのドゥナイ村の子どもたち。キテレツがネパール語（あるいはヒンディー語）を話していた。

この日の夜は、遅くまでみんなで輪になってディスカッションをした。このプロジェクトを推進するにあたり、村の人たちをどう巻き込んでいけばいいのか、6つのブロック間の能力差はどう均一化していくべきかなどなど。ディスカッションといっても、ほとんどゴーパルの演説状態だったけど、みんなは、熱心に目を輝かせながらうんうんと相づちを打っていた。

翌日はいよいよ、シェイポクスンド国立公園を歩いてユキヒョウの生息地へと向かう。ジョージとピーターが思い焦がれた風景を、私も観られるだろうか。

Chap. 3 "Nepal"

予想外のロング&スリリングトレイル

Writing by こづえ

常日頃からユーミンの曲ばかり聴いている私は、街にいる時も山にいる時も、脳内でユーミンの曲を自然と再生していることが多い。400曲以上もあるので、そのときどきのシチュエーションで選曲が変わる。

たとえば、登山中に足がパンパンになって一歩踏み出すのがつらくなってくると、――前へ前へ前へ進むのよ　勇気だしてあなただけの歴史切り拓く――（「Happy Birthday to You ～ヴィーナスの誕生」より）だったし、壮大な景色を目にした時は、――目を閉じて深く吸い込む　この星のエナジーを　誰のために　君のために　持ち帰ろう　形にして――（「時はかげろう」より）だった。

初めてアフリカに行ったときは、――夢のアフリカへ　探しに行こう　人が忘れ去った野生に　めぐり会いたい――（「アフリカへ行きたい」より）を聴きながら自分を奮い立たせていた。他にも、挙げだしたらきりがないくらいにいっぱいある。

でも、この時ばかりは違った。10時に小屋を出発し、ひたすら歩き続けること4時間。疲労がピークに達していた私の脳内では、なぜか某CMソングがぐるぐると回っていた。

――かえりたーい、かえりたーい、あったかハイムが待っている……

うつむいて歩くリズムに、なんとなく曲のテンポが合っていたというのもあるだろうけれど。アップダウンのある山道を歩き続け、疲弊しきった足と身体、そして、ゴール地点がどこかわからないと

荷物を運ぶ馬たち。道中、いくつもの長いつり橋を渡る。長い分とても揺れるので、馬も慎重に下を向いて渡っている。

いう不安。歌詞の通り、心は完全に「帰りたい」モードになっていた。

出発の朝、その日の行程についてゴーパルに尋ねると、「すぐ着くよ、山道といってもそんなに大変じゃないから大丈夫」と気軽な感じで言われた。無論、彼はわざと嘘をついていたわけではない。ただ、それは、彼を基準にした大変さであって、私には当てはまらなかったというだけだ。あとで聞いたところによると、この恐ろしいほどの道程を、ゴーパルは一度走って移動したことがあるらしい。何度も何度も往復している彼にとっては、朝メシ前の道のりであることに、間違いはなかったのだろう。

10時に小屋を出発した私たちは、ロバと馬に食糧や調査道具を背負ってもらい、ひたすら歩き続けた。山間を縫うように続く未舗装の道は、石がゴロゴロとしてあまり歩きやすいとは言えない。2、3時間も歩き続けると、足裏に痛みを感じるようになっていた。

川を渡るときは、前日同様、崩れ落ちそうな長いつり橋を冷や汗をかきながら進む。下には急流が流れていて、万が一、橋もろともが落ちてしまったら、助かる見込みはなさそうだった。馬も怖いのか、渡るときは長い首を下にして慎重に渡っていた。

山を歩いていると、大きな鈴をつけたロバが前から「カラーン、カラーン」と音を鳴らしてやってくる。ここに暮らす人々の輸送手段であるロバたちに、たくさんの荷物と鈴がつけられているのだ。この音が聞こえたら要注意。歩みを止め、必ず谷側ではなく山側に身を寄せて待機する。というのも、このロバたちとすれ違う時、彼らにつけている大きな荷物にぶつかると谷側に落とされてしまうためだ。「カラーン、カラーン」と軽快に山を登るこの音が聞こえると、私はじっと崖に身を潜めていた。のろのろと歩いていると、後ろからも前からも、ロバたちに追い越されていく。細い道で、前からやってくる彼らと鉢合わせたときは、「あんたはじっとしときな、うちらの方がうまく歩けるから、よけてやるよ」と言わんばかりの顔つきで、私をうまく避けて崖を降りて行った。

帰りたい……。でも、帰るにしても、今登り続けているこの道をひとりで降りないといけない。考えるだけでゾッとする。

そんな私にとって心の拠り所だったのが、同行していた3人の市民サイエンティストたちだった。ふたりの女性、ディーバとヤンキーに加え、さとみの旦那、光司さんにそっくりなビベック。光司さんの写真をビベック本人に見せると、彼は目を丸くして「オウ マイガー!」と手を頭にのせて驚いていた。異国の地で、しかもこんな辺境の場所で。身内に似ている人に会うだけで、急に親近感が湧き、なんだかほっとする自分がいた。アジアで研究する良さは、そんなところにもあるかもしれない。それにビベックは、苦しそうに歩く私に、いつも優しい言葉をかけてくれるナイスガイだった。そして、研究に対して熱意ある青年だった。

聞けば、彼らは修士号を取りたい！という強い思いを持っていた。私が博士で、大学の教員だと知ると、眼をキラキラさせながら研究のことや大学のことを次から次へと質問してきた。彼らが今回このプロジェクトに参加した理由も、将来、研究職に就きたくて、勉強のために少しでも研究に携わりたいからだと話していて、モチベーションがすごく高かった。話していても、どんなことでも吸収したいという熱意が伝わってきて、それが嬉しかった。

私も含め、日本では理系の学生なら、学部を卒業した翌年には、多くはそのまま同じ研究室の修士課程に進んでいることが多い。でも、世界の基準に照らせば、それは普通ではないんだな、とあらためて感じさせられた。お金を貯めて、研究できる場所を見つけられたら、そこで修士号を取りたいと、彼らは語っていた。

本来、野生動物は、その国の人、その土地の人が研究するのが一番いいと思う。彼らがいつかユキヒョウの研究に携わってくれたら。そのために、伝えられることは伝えたい。体力的にはしんどかったが、彼らとのポジティブな会話によって、救われていた部分は大きかった。

いよいよ足の疲労がピークに達し、私はときどき馬に乗せてもらうようになった。乗っては歩く、乗っては歩くを繰り返す。私を乗せてくれていた馬も少し年老いていたせいか足取りが重く、徐々にスピードが落ちていく。私は、失礼ながらその馬に自分の姿を重ねて「レイジー（のろのろしてる）」

と名付け、一緒にゴールを目指した。
日没ギリギリで辿り着いたのが、チェプカという小さな村だった。ここがゴール？とゴーパルに聞くと、なんとまだ半分の地点だという。かなりの衝撃を受けたものの、今日は諦めてここに泊まると聞いて心底ホッとした。19時に夕食をとったあと、一刻も早く身体を休めたくて、20時前にはベッドに横たわった。

疲れた日々は お休みなさい（お休みなさい）
私のもとに おかえりなさい（おかえりなさい）
——（松任谷由実「Valentine's RADIO」より）。

「帰りたーい…」のフレーズがようやくどこかへ行き、脳内を優しくこだますユーミンの歌とともに、秒速で深い眠りに落ちていった。

Chap. 3 "Nepal"

ユキヒョウがくらす絶景湖畔へ

Writing by

こづえ

目的地は、鮮烈なターコイズブルーに輝く神秘的な湖、ポクスンド湖。その湖畔にある小さな村、リグモ村だった。湖がある場所は、標高3612メートル。前日のスタート地点だったスリガドは標高約2100メートルなので、標高差はおよそ1500メートル。ただ、アップダウンを繰り返しながら歩くので、距離にすると30キロメートルくらいの道のりだ。

前日にあれだけ苦労して歩いたのに、目的地までまだ半分の地点とゴーパルに聞かされたのは、相当なショックだった。けれど、もう引き返せない。昨日に続いて馬のレイジーにお世話になりながら、目的地へと向かった。

乗馬自体は、初めてではない。キルギスでも乗馬したことがあるけれど、そのときは視界が開けた平坦な道をひたすら馬に乗って歩いた。一方、今回はアップダウンのある山道。手綱を引いて馬の前を先導してくれる人がいるにせよ、登るときは体勢を前に、下るときは後ろにして、斜面と平行になるように鐙をぐっと踏んで全身でバランスをとる。馬の背に跨って太ももの内側にぐっと力を入れながら、背筋と腹筋を使ってバランスを取り続けねばならず、ただ乗っていればいいというものではない。すでにお尻も痛かったけれど、とはいえ、自力で歩く力は私には残っていなかった。なんとかしがみつきながら、どんな崖であれ、どんな悪路であれ、馬の背中に揺られるしか、選択肢はなかった。

「このポクスンドを舞台にした映画があるけど観たことある?」と道中ディーパから教えてもらったのが、「キャラバン」だった。1999年に公開された映画で、アカデミー賞外国語映画賞にノミネートされるなど当時はなかなかの話題作だったようだ。帰国後に観てみると、この映画のワンシーンに、私たちが歩いた山道が出てきた。ひとり歩くのがやっとな道を、家畜たちが頭を下にしながら、足を滑らせながらも、用心深く恐る恐る進む。映像は大絶景であるが、これを事前に観ていたとしたら、おそらく、私はポクスンド湖行きを拒否していたかもしれない。予備知識がなかったからこそ、当時の私は、とにかく前に進むしかなかった。

早朝6時半にチェプカ村を出発し、歩くこと7時間。とある小さな家に到着。ここでランチをとった。ここでは、NGO団体「WWF(世界自然保護基金)Nepal」のメンバーも休憩に立ち寄っていた。彼らも今回のプロジェクトメンバーの一員であり、WWFチームは主にユキヒョウを捕まえてGPS首輪を装着し、ユキヒョウの行動圏を調査するのがミッションだった。チームのメンバーは皆男性で、筋肉隆々。ベテラン登山家の集団である。ちなみにこの後、彼らは2頭の雄のユキヒョウへの首輪装着に成功したという。

ランチを食べているとゴーパルが「こづえの家族も心配していると思うから電話するといいよ」と衛星電話を差し出してくれた。ゴーパルは別チームの動きを把握するため、いつも衛星電話を持ち歩いている。お言葉に甘えて、両親の携帯にかけてみた。すると、電話は鳴っているはずなのに「ブチッ」と切られる。この時両親は、見慣れない番号を不審に思い、気持ち悪くて切ってしまったそうだ。何度もかけるうちにようやく電話をとってくれたのだが、「あれ? こづえ!? 知らん番号でびっくりするやん。お母さんね、いまユニバーサルスタジオ・ジャパンに来てて、ジュラシック・パークに並んでるんよ。すごい○△×……」。電話口の向こうがにぎやかで何を話しているのかよくわからないまま、電話が切れた。アトラクションを前にテンションの高い様子は伝わってきたのだが、ネパールでの今の私のアドベンチャーよりも意気揚々とした様子の母。なんだか拍子抜けしてしまった。

それからまた歩き出す（あるいはレイジーに乗る）こと3時間、ようやく、ポクスンド湖のあるリグモ村に到着。この時、すでに17時。日没のため、ポクスンド湖の姿はよくわからなかった。

翌朝6時半、ディーパとヤンキーがポクスンド湖を観に行こうと元気に私を起こしてくれた。が、起き上がろうとするも、筋肉痛がすさまじく、立つ動作、座る動作さえままならない。吉本新喜劇の桑原和男さんが演じる「和子おばあちゃん」のように、両手で持ち上げないと足が動かない……。それでもふたりに助けられながら、なんとか外に出ると、高々と切り立った山並みの間に、絵の具で描いたように鮮やかなターコイズブルーの湖が一面に広がっていた。思わず目を疑うような大絶景だ。

ポクスンド湖は、ネパールでは2番目に高い場所にある湖で、水深は145メートルと国内の湖のなかで最も深い。標高が高いため水温が低く、貧栄養湖であるため、バクテリアなどの微生物を除いて、魚など水生生物はほぼ棲息していないという。湖の下流域には3種の魚類がいるとされているが、村人たちはその名前すら知らないそうだ。目にする機会がないに等しいから、ということらしい。

この湖畔にあるリグモ村には、シェイポクスンド国立公園のメインオフィスがあり、ここでゴーパルも仕事をしている。CESでは、ここにユキヒョウの情報センターを置き、エコツーリズムの拠点にする計画を模索していた。

リグモ村から眺めるポクスンド湖。
湖の周りの岩山にはユキヒョウがくらしている。

このポクスンド湖周辺は、まさしくユキヒョウの生息地だった。湖の周りには、湖を一周するように自然のトレイルが続いており、そこをユキヒョウも人間も利用しているという。

絶景の湖を背景にゾ（ヤクと牛の雑種）が放牧されていて、まるで絵本の世界のように美しい。でも、ユキヒョウの狩り場と重なっているため、これらの家畜が襲撃されてしまうケースもやはり多発しているようだった。

この日は、村の人たちに向けての青空教室。なぜかちょっと小高い丘の上で実施するという。脚を引きずりながら馬のレイジーに乗ろうとすると、勤務拒否。レイジーも休みたいとのことで、仕方なく自力で丘の上に登った。総勢30人ほどの村人が集まってくれ、カメラの仕掛け方や糞の回収方法についてを、ゴーパルや市民サイエンティストたちとともに丁寧に教えていく。皆、一生懸命にカメラを操作したり、採糞用のチューブを確認したり。熱量の高い時間が流れていく。

と、そんななか、けたたましい音とものすごい風圧とともに、ヘリコプターが着陸。思わずポカンとしているとなかから欧米人が降りてきた。どうやら、ポクスンド湖を見に来たお金持ちの観光客らしい。すぐさまゴーパルがヘリに駆け寄り、確認しに行っていた。国立公園内で、許可もなく、ヘリコプターを着陸させてはいけないからだ。村の人たちも物珍しそうに、続々とヘリの周りに集まってきた。確認したところ、やはり彼らは無許可での立ち入りだったようだ。苦労して辿りついた分、私は怒りに燃えていた。私たちはこれだけ時間をかけてここまで来たのに、自分たちはヘリコプターで楽するなんて、なんて腹立たしいのだ！と。正直にいえば、八つ当たりも少し入っていたかもしれない……。

ユキヒョウが生息する山岳地帯は、もともと人の手が及びにくい場所にあるからこそ、その豊かな自然が保たれているという背景もある。近年、ヘリコプター周遊での観光が定着してきたインドでは、野生動物への被害が問題視されているようだ。エコツーリズムが間違った方向に活性化すると、自然が脅かされる可能性がある。そのあたりが難しいところだ。

トレイルを少し歩くと、ユキヒョウの糞が見つかった。が、糞を拾おうとしゃがむ姿勢になるだけで、一苦労。朝から少し動いたおかげで幾分楽にはなっていたが、まだふくらはぎから太ももまで、私の足はパンッパン。ロングハイクの疲労に加え、乗馬で酷使した太ももが激しい筋肉痛に襲われていた。

糞を拾ったところから少し上に登れば、湖と村を眼下に一望できる絶景が広がっているという。どうやら映画に出てくるシチュエーションらしく、市民サイエンティストの若人たちは上まで登って皆で見ようよ、と盛り上がっていたけれど、私は首を横に振り、彼らの背中を見送るしかなかった。老婆のようにヨロヨロ状態な私に反し、元気いっぱいの若き市民サイエンティストたち。なんとも頼もしい。今後のプロジェクトも安泰に思えた。

この苦行のような道のり自体、予想外の展開だったにせよ、自分の体力のなさが恨めしかった。このあと日本に帰った私は、ランニングや体力づくりに日々励むようになる。コロナ禍でも、またネパールに戻る日を考え、ひたすら走り続けた。フィールドワーカーにとって必要な身体づくりについて、真剣に考えるきっかけとなった貴重な経験だったように思う。

Chap. 3

"Nepal"

1日山道6万歩の壮絶帰路

Writing by

✦

こづえ

往路に時間がかかり過ぎてしまったため、帰りの飛行機を考えて、私は翌日、下山することになった。市民サイエンティストたちは、ここから約２か月近くの間、６つのブロックへ散らばってカメラの設置、糞の回収、そして、青空教室を続けるという。そのことはもともと知っていたけれど、寝耳に水だったのが、ゴーパルもここから彼らと一緒に山に入るということ。ここから別行動だなんて、一言も聞いてないよ……。

ちょうどこの時、ＷＷＦのチームも、リグモ村に現地入りしていた。途中で出会った山男集団ではなく、ＷＷＦ教育担当の女性シリシティと、野生のベンガルトラの保全活動を行うＮＧＯ団体「ネパール・タイガー・トラスト」のゴリィだ。彼女たちも翌朝シェイポクスンド国立公園の入り口であるスルガド村まで帰るという。彼女たちは今回のプロジェクトに関係なく、観光ついでに現場を見に来た、ということらしかった。

そこで、私もそのふたりとともに下山することになった。馬を引いてくれるネパール人のおじさんは、英語が一切通じない。仮に、馬とおじさんと私だけであの道のりを帰るとしたら、相当、不安だった。シリシティとゴリィは、英語が堪能でコミュニケーションもスムーズ。彼らがいなかったら一体ゴーパルはどうするつもりだったのだろう……。ひとまず、旅の仲間ができたことにホッと胸をなで下ろした。

リグモ村を去る時、見送りに来たゴーパルが、「無事に帰るんだよ」と白いスカーフを私の首に巻いてくれた。チベット文化では、祈りを込め、お別れのときなどにかけられる祝布だ。そう、インドのラダックで家畜小屋の柵に祈りを込めて巻いた、あの白い布である。サヨナラの時、特に心の支えだったディーパ、ヤンキー、ビベックの3人の市民サイエンティストたちと別れるのは、相当に後ろ髪が引かれた。これから厳しい冬の季節を迎えるが、どうかみんな無事にフィールドワークを終えてほしい。笑顔でサヨナラすると決めていたのに、ディーパの涙を見たらおさえきれなくなった。

帰り道は、私以上にシリシティの疲労度が激しかったので、馬のレイジーを彼女に譲り、時に私も交代で乗せてもらいながら、ひたすら山を下った。登りが少ない分、体力的には幾分楽だったものの、崖を降り、川を渡り、震える太ももに自分の身をゆだねながらの道程が過酷であることに変わりはなかった。

行きは2日間かかったこの道のりを、この日は下りということもあり、一日で一気に帰る計画だった。しかし、朝の7時50分にリグモ村を出発し、9時間歩き続けるも、到着した場所は中間地点のチェプカ村……。すでに17時前と、日没の時間になってしまった。このまま歩くのは危険。村に1頭なら使っていい馬があるということで、馬を2頭体制にし、3人の中で一番山慣れしているゴリィだけ徒歩で、夜の道を進んだ。

暗闇のなか、馬の背に揺られながら、ヘッドライトの灯りと馬を引いてくれるおじさんの背中だけをひたすらぼんやり見つめていた。行きの記憶から、きっと崖の細道を通っているのだろうけど、どこからどこまでが道なのかも、もはやわからない。疲労困憊していたせいか、集中力も途切れ、もはや緊張感もなくなりつつあった。ひとつの光が見えると、「ついにゴールか!?」と思うも、その光も幾度現れても後ろへと流れ去っていく。

時々、暗闇の中を現地の人たちとすれ違うことがあった。おでこから紐をかけ、大きな籠を背負い、しっかりとした足取りで歩き去っていく。一体、この人たちは「どこから来てどこへ行くの――（松任谷由実「経る時」より）」と、ユーミンの歌詞が脳内をリフレインする。彼らにとっては日常のことなのだろうけれど、逞しすぎるその姿に、心が励まされた。

結局、暗闇を乗馬で進むこと、なんと4時間。21時ごろにようやくシェイポクスンド国立公園の入口にある、スルガド村に帰ってきた。全行程を歩いた猛者、ゴリィの万歩計を見せてもらうと、「60447歩」という驚異的な数字。しかも、平地ではなく山道での6万歩だ。オウ マイガー！ と、皆で顔を見合わせ、倒れ込むように床に就いた。

ちなみに帰国後、私はこの道のりのハードさにあらためて驚くことになる。ふと気づくと、両足の小指の爪が完全に剥がれ落ちてなくなっていたのだから。

Chap. 3 "Nepal"

糞の分析に捧げる4週間

Writing by こづえ

ゴーパルが率いるＣＥＳの活動を支援する地球環境基金は、素晴らしい助成制度だ。

初年度は1年間の助成だが、2年目以降に採択されると、3年間の助成金を受けることができる。さらにその後の申請・採択次第で、合計10年間ほどの息の長い活動を日本の財団が支援してくれることになる。国内外の活動が対象になるため、海外の研究者にとって、こんなにありがたい制度はなかなかない。

代理人である私を通して、２０１９年に最初に採択が決まったＣＥＳの活動だが、２０２０年に2度目の申請が通り、２０２０年から２０２２年度まで、地球環境基金による3年間の追加支援が決まった。が、コロナ禍に突入し、現地での活動は限定的になり、私自身も渡航することが叶わなかった。

ようやく、再訪することができたのが２０２２年5月のことだ。この時は、シェイポクスンド国立公園へは行かず、4週間カトマンズに滞在。日本から3人の学生を引き連れて、市民サイエンティストたちが回収した糞を、ひたすら分析するというプランだった。

シェイポクスンド国立公園にある6つの村（ブロック）からは、合計２００個におよぶ糞の回収に成功。それを4週間で分析するとなると、かなりの労力を要するし、宿題として日本に持ち帰ることもできないため、入国後すぐにでも取りかかりたかった。が、カトマンズに到着して早々、またもや寝耳に水な事実が判明。なんと、分析する場所が確保できていなかったのだ。

糞の分析をするには、さまざまな精密機械が必要になる。まずは糞からＤＮＡやホルモンを抽出する機器にはじまり、ＤＮＡを精製したり、増幅させたり、電気泳動にかけたり、そしてホルモンの濃度を測定したり……。なかにはとても高価なものもあり、管理にも十分な注意が必要なため、大学や研究機関など限られた場所にしかない。当然、準備してくれているものと思っていた……。

ゴパールとは事前に何度もやりとりをし、必要な実験用品のいくつかは日本から持ってきていた。にも拘らず、そのための場所が確保されていないとは、まさか思いも寄らなかった。今思えば、分析の経験がないゴーパルに、オンラインで必要な機器を説明しても、リアルに想像するのは確かに難しかったのかもしれない。

嘆いてばかりいても仕方ないので、現地での場所確保に奔走することにした。候補の3つの研究機関に移動しては分析内容を説明し、そこにある機器を確認。そして、「これは使えそう、この工程はここでできるかもしれない」「でも肝心のこれがない、あれを使えば代替できるんじゃないか」と、学生らと頭をひねりながらできることを考えていく。日本にいれば1つの研究室の中ですべてが完結し、右に手を伸ばせばお目当ての機器があり、左に手を伸ばせば必要な試薬が手に入った。かゆいところに手が届かない状況に頭を悩まされるたびに、ほんの些細なことであれ、日本での生活にあらためて感謝するばかりだった。そんな私たちをよそに、その間も相変わらずゴーパルの携帯電話は鳴りっぱなしで、彼も彼で多忙を極めている。猪突猛進でエネルギッシュ。無茶振りされても、最終的には憎めなくて、巻き込まれてがんばってしまう。で、結局彼の言うとおり、We can do it な結果になるのが常なのだった。

そんなこんなで、分析機器を使用できる場所を確保するのにかかった時間は、なんと10日間あまり。もともと4週間をみっちり分析に当てようと考えていたわけだから、大誤算である。

結局のところ1つの研究機関ではすべてをまかなうことはできず、2つの研究機関に分かれて作業することになった。ただ、毎日使用できるわけではなく、1日のうちに使用できる時間帯も限られていたため、スケジュールを考えるのも一苦労。しかも、必要な消耗品が揃っておらず、毎朝必要分を市場に買い出しに行かなくてはならなかった。

例えば、普通、実験室ならどこにでもあるパラフィルム。無色透明なフィルム材質で、検体を侵すことなく試験管やフラスコなどの口に巻いて密栓するために多用するものだ。糞の分析では、糞から抽出した液が蒸発しないように、チューブの口にパラフィルムを巻いてしっかり保管するために使用する。普段の研究ではあまりにも当たり前にあるものなので、世界のどこにでもパラフィルムはあると思っていたが、それは大間違い。街中駆けずり回っていると、お店のスタッフのひとりが、「これはどうだ！」と意気揚々として一本の無色透明なロールを走って持ってきた。こうやって使うといいんじゃないか！　とビーカーにロールを伸ばしてピタッと張り実演すると、周りはオー！と沸きたつ。私もつい一緒に「オーーー……!?」と言ったが、違う。これはパラフィルムじゃなくて、そう、サランラップだ……。

と、こんなコントじみたようなハプニングが毎日のように発生。実験に集中できる時間は、物理的に短くなる。でもその分、限られた時間で皆がものすごい集中力を発揮した。1日であれだけの実験数をこなせるなんて、学生と一緒に自画自賛する毎日だった。

研究機関までの通勤路はバイクの群れとの闘い。バイクが途切れる瞬間を狙って道を渡る。

そして、滞在中におおむね目的の分析が無事終了。またしても、そして今回は学生も巻き込んで、We can do it. ゴーパルの言った通りになった。

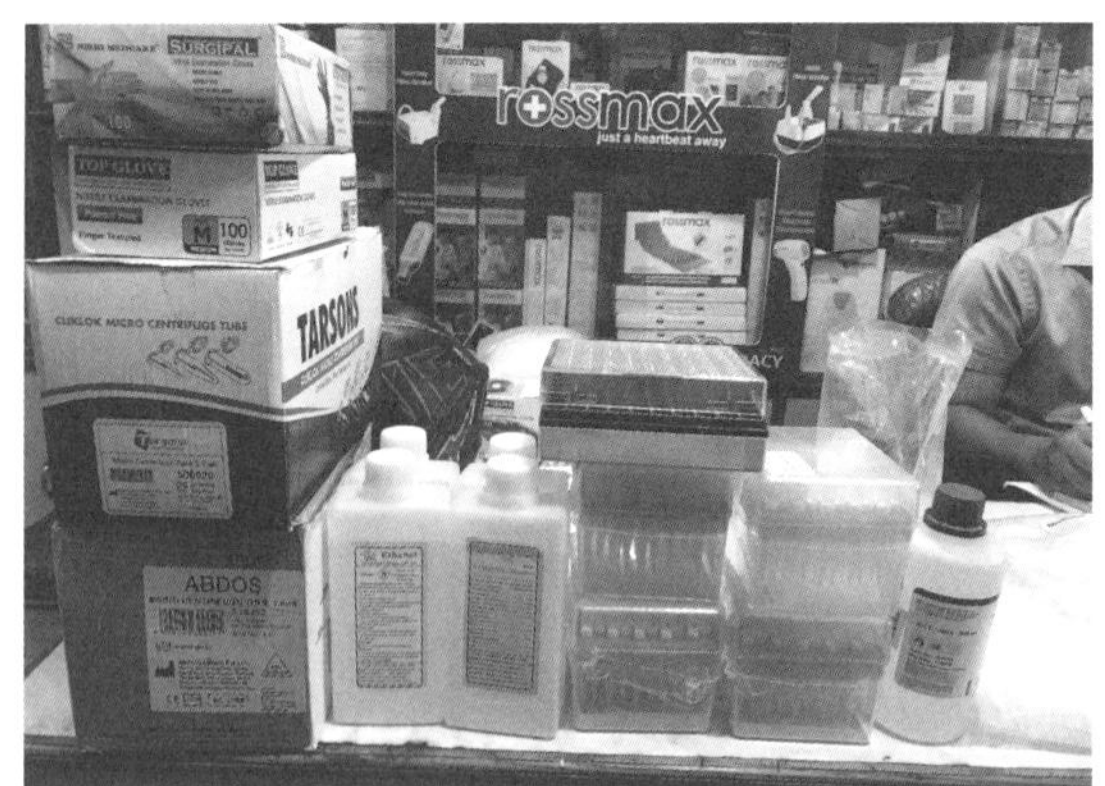

毎朝、実験の前に市場で手に入れていた実験関連の消耗品。

200個の糞のDNA分析をした結果、約半数がユキヒョウ由来の糞で、その6割程度が雌の糞だった。また、ホルモン分析の結果から、発情や妊娠状態にあった個体の糞も多数確認することができた。

あらたに、課題も判明した。6つのブロックにわけ、糞の回収をしていたが、ブロックによって糞の精度にバラツキがあったのだ。あるブロックでは、キツネの糞の混入が多いところもあった。市民サイエンティストたちの中には、「糞を採らなきゃ」とプレッシャーに感じていた人もいたのだろう。焦りの気持ちから採取すべき糞を間違える、といったことが起こっていたのかもしれない。確かに、厳しい雪山をひたすら歩いていると、どんな動物の糞でも見つけると宝物を発見したような気持ちになる。少ないよりはたくさん採った方がいいと、いろんな糞に手を出してしまう。今後は、採取の精度や質をあげていくべく、評価方法や体制づくりについて検討する必要があった。

ある程度の数のユキヒョウがくらしていることは、赤外線カメラトラップのデータからも予想していた。カメラトラップのデータから個体識別・推定をするのは、修士課程の時から個体識別に取り組んでいたゴーパルの役回りだった。200か所以上のカメラデータを用い、市民サイエンティストたちが設置・回収・バッテリー交換を繰り返していて、撮れた画像はすべてゴーパルが個体識別の資料として活用していた。

4°C
RECONYX

ポクスンド湖周辺のトレイルに仕掛けていた赤外線カメラトラップの写真。親仔のユキヒョウが歩いている様子。
©Gopal Khanal

今後、糞のＤＮＡやホルモン分析と、カメラトラップによる個体識別のデータを照合することができれば、ユキヒョウの生息状況をより正確に評価していけるだろう。私とゴーパル、それぞれの得意分野を活かした共同研究だ。

また、ＤＮＡ分析でわかることは他にもある。今回の渡航では、予想外の展開によって時間が足りずできなかったが、今後は、ユキヒョウの食性分析をしたいと考えている。糞の中には、排泄者以外にも餌動物や家畜など食べたもののＤＮＡも含まれる。それらを分析することで、ユキヒョウの家畜への依存度を調べるためだ。

さらに、糞中の性ホルモンやストレスホルモンの分析により、発情や妊娠といった繁殖関係の情報に加え、地域によってストレス値に違いがあることもわかった。生理学的なアプローチも加えて、なぜユキヒョウが家畜を襲うのか、その原因について探っていくのだ。

当初、10人でスタートした市民サイエンティストたちは、国立公園スタッフを育成するなどして72人まで増加。地域に根差したユキヒョウ保全委員会も、６つのブロックに定着し、自然環境の管理者となりつつある。

ほかにも、家畜被害による経済的損失を相殺するために家畜補償制度への申請を牧畜民たちに促したり、手工芸品やユキヒョウのエコツーリズムなど持続可能な生計手法を伝え、牧畜民の生計向上を目指したり……。ユキヒョウと地域住民との軋轢を解消していくために、ＣＥＳではさまざまな活動を計画し取り組んでいる。

でも、家畜被害もユキヒョウへの報復殺も、まだまだ目に見えて減ってはいない。ポクスンド湖で一緒だったWWFの調査チームは、その後計4頭のユキヒョウにGPSを取り付けたが、わずか数か月間で、全頭が死亡した。おそらく、死因は報復殺によるものだという。ユキヒョウと人との共存・共生への道のりは、まだまだ先が長いだろう。

でも、ここには、希望と熱意にあふれた若い人材がたくさんいる。市民サイエンティストたちもそうだし、ゴーパルこそ、その筆頭だ。野生のユキヒョウを研究し、それを保全に活かしていく。これまでそういう活動がしたくて、モンゴルにも、ラダックにも行ったけれど、同じ想いを持ち、現地で協働できる仲間が見つかったことは、私にとってとても大きかった。

ゴーパルは、好奇心旺盛で努力家で、人使いは荒いけど統率力があり、行動力と意欲にあふれている。国の政府機関に所属している一方、フィールドワーカーとして自分の研究を続けているし、さらに日本人から分析技術を学ぶ意欲まであって、ものすごい熱量だ。ゴーパルのような現地人には、ユキヒョウ研究に限らず、他のどの国でも出会ったことがなかった。

分析技術しかり、先進国で発展してきた実験や研究技術は、ネパールのような途上国にはまだ行き届いていない。でも、動物の研究とは、本来、その生息国でこそやらないと意味がない。自分が持っている分析技術を、この国の若い人たちに伝え、後世を育てていくこと。それが、ネパールで一緒に仕事をさせてもらっている、私の一番のミッションなのかもしれない。

ユキヒョウと人との共存・共生。目指すゴールは簡単ではないけれど、この国でなら、ゴーパルたちとなら、きっと実現できるはずだ。今後も、そのための種を播いていく手伝いができたなら、ひとりの研究者として、これほど嬉しいことはないだろう。

〔上〕青空教室の様子。赤外線カメラの使い方や糞の採取方法を伝授。皆、一生懸命に取り組んでいた。
〔下〕ラダックでなかなか見られなかったナキウサギ。シェイポクスンド国立公園では見ることができた。

第4章 キルギス編

○2017年10月29日〜11月11日
○2018年3月11日〜19日
○2018年8月5日〜9月20日
○2019年4月28日〜5月24日
○2022年9月4日〜10月1日

Chap. 4

新天地キルギスへの突破口

"Kyrgyz Republic"

Writing by

こづえ

「君たちの研究、他の場所でできるかもしれない」

インドのバンガロールにある、野生生物保護および研究組織NGO「ネイチャー・コンサヴェーション・ファウンデーション（NCF）」。ここでユキヒョウを研究しているチャルダットさんを訪ねたときのこと。ラダックでの研究は断念せざるを得ない……と落ち込んでいる私と菊地さんに、チャルダットさんはそう言葉をかけてくれ、このまま断念するのはもったいないと、別のユキヒョウ研究仲間に連絡をとってくれたのだった。

チャルダットさんは、シアトルに事務局をもつユキヒョウ保全の非営利団体（NPO）「スノー・レオパード・トラスト（SLT）」にも在籍していて（現在は同団体の代表を務めている）、ありがたいことに、そのメンバーのひとりを紹介してくださることになった。それが、インド人研究者のコウスツブフ・シャルマさんだった。

コウスツブフさんは、SLTの国際コーディネーターとして活動していた。SLTでは、ユキヒョウが生息する国々で保全活動に取り組んでおり、各地にさまざまな研究者がいる。コウスツブフさんはその取りまとめ役として、各国の研究者と繋がりながら、数多くのプロジェクトを推し進めている方だった。

２０１６年８月、インドから帰国早々、コウスツブフさんにメールを送り、自分たちの専門を懸命に伝えた。が、研究に興味を持ってもらえたものの、その時はあまり話が前に進まなかった。

それからしばらくして2017年4月。私は研究員時代を過ごした野生動物研究センターに、教員として戻ってくることができた。依然として任期付きの教員ではあったものの、また野生ユキヒョウの研究に集中できる環境に身を置くことができ、俄然やる気に満ち溢れていた。野生ネコ科動物の研究者は国内にたった数名。いち研究者として、自身の調査フィールドを確立したいと勢いに乗っていたのだ。

意を決して、再度、菊地さんと一緒にコウスツブフさんに連絡をとってみると、今回は前向きな返事が返ってきた。しかも、「キルギスで研究をしてみないか」と。キルギスは、別名キルギスタン。「スタン」が付く国はほかにアフガニスタン、パキスタン、タジギスタン……。紛争がある地域なのではないかと、メールを見た直後の私は、少し警戒心を抱いていた。そこがどんな場所なのか、恥ずかしながら、その時の私にはまったくイメージが湧かなかったのだ。地球儀でその場所を正確に指すことすらできなかった。でも、ユキヒョウがくらす国なら見てみたい。色々調べるうちに、キルギスへの興味は猛烈に膨らんでいった。

その後、コウスツブフさんから「ひとまず、11月上旬にキルギスに来るといいよ」と言われたまま、具体的にスケジュールを詰めようとしても返事がない。何度かメールし、やっと返事が来たのは9月下旬。とりいそぎ、パスポート写真と調査計画をコウスツブフさんに送って、フライト予約を押さえた。が、また返事が止まってしまう。結局は返事が来ないまま予定日を迎え、半ば見切り発車的に菊地さんと共に現地へ向かうこととなった。11月はユキヒョウの繁殖シーズンのはじまり。そして、本

キルギスの首都ビシュケクの広場。伝説のマナス王像とはためく国旗を見上げ、新たなユキヒョウ生息国への期待感を膨らませていた。

格的な冬に入る時期でもあり、調査にもっとも適したシーズン。ただそれだけが心の支えで、ユキヒョウの新たな生息地を見られるワクワク感が私の背中を押していた。

Chap. 4

"Kyrgyz Republic"

功を奏した強行突破作戦

Writing by

こづえ

中央アジア、シルクロード沿いにあるキルギス。日本の約2分の1の面積を持ち、その国土の40%が標高3000メートルを超すという山岳国だ。1991年、旧ソ連の解体にともなって独立し、いち早く民主化が進んだ国だといわれている。首都ビシュケクに降り立つと、近代的な街並みと、四方をぐるりと囲む雪化粧をした4000メートル級の山並みとのコントラストが美しかった。

ところで、キルギスには、こんな有名な逸話がある。

――大昔、キルギス人と日本人は兄弟だった。肉を求めて山に行ったのがキルギス人。海に魚を求めて行ったのが日本人であった。――

確かに兄弟と言われても違和感がないほど、道行く人々の顔立ちは日本人によく似ていた。今まで訪れた場所で、一番似ていると思ったのはブータン人だったけど、それに負けず劣らずのソックリ具合だ(この後知ることになるが、特に田舎に行けば行くほど日本人によく似ていた)。家の中では靴を脱ぎ、食卓も布巾できれいに拭くところも。おかげで、初めて降り立った国とはいえ、一気に親近感があふれた。

コウスツブフさんに、早速キルギスに到着した旨をメール。よく来たね、と返信は来たものの、どこで会うのか指示がないまま連絡が途絶えた。気持ちだけ焦らせても仕方がないので、ホテルで研究費助成のための資料を作成していた。日本の研究者たちは、年に一度、研究活動の基盤となる科学研究費助成事業に申請するのがお決まりだ。この渡航中は、ちょうど最終締切が迫っている頃だった。キルギスで研究をやるぞという夢を見ながら、資料作成に励んだ。

キルギスに到着して4日目。やっとコウスツブフさんから連絡があり、ホテルのラウンジに来てくれることになった。ただ、この日は初対面でこれまでの活動や研究テーマなどを色々とお話しして終わった。あとでわかったことなのだが、以前、アジア人研究者がキルギスの野生動物の扱いに関してトラブルを起こしたことがあったらしい。おそらくそのせいで、彼らは私たちの対応に慎重になっていたのだろう。ようやく警戒が解けたのか、翌日は事務所に招いてくれた。

この頃、コウスツブフさんはキルギスに移住し、本腰を入れて現地の非政府組織（NGO）「スノー・レオパード・ファウンデーション・イン・キルギスタン（SLFK）」とSLTの連携を強化させている時期だった。事務所にお邪魔したときは、SLFK代表のクバンチベック・ジュマバイ－ウウルさん（以下、クバンさん）を紹介してもらい、コウスツブフさんとともに「一緒に研究できたらいいね」という話で盛り上がった。でも、実際にいつ山へ行けるのかどうかについては、はっきりとした言及はなく、また回答待ちの状態になってしまった。

この渡航は、いわば強行突破作戦だった。いつ山に入れるのか、そもそも受け入れてもらえるのかもわからない状況だったものの、私たちは自前の赤外線カメラを持参し、すぐにでも山に入れる準備

空気が澄んでいる日は、ユキヒョウがくらす雪山が首都ビシュケクから見える。

をしていた。そのため、首都ビシュケクにあるホテルは、もともと最少日数で予約。でも、蓋を開けてみると、今日も延泊、その次の日も……と連日延泊が続いたため、きっとホテルの人も「一体、この人たちは何しに来たんだ?」と不思議がっていたに違いない。

再びホテルに籠もり、申請資料作成に向き合う3日間を経て、入国後7日目。コウスツブフさんから朗報が来た。SLFKが活動している野生動物保護区のひとつへ連れて行ってもらえることになったのだ。

山の格好しか持ってきておらず、ホテルや街中で無駄に毎日履いていた登山靴。ようやく活用できる瞬間が来たかと思うと、やはり嬉しかった。

Chap. 4 "Kyrgyz Republic"

"中央アジアのスイス"で初調査

Writing by こづえ

山岳地帯の希少な大自然が残るキルギスには、80を超える自然保護地域がある。国土の約5％にあたる広大な面積だ。そのなかでも、SLFKがユキヒョウの調査を進めているのがシャムシー野生動物保護区（以下、シャムシー）と、サリチャット・エルタシュ自然保護区だった。

このときは、ビシュケクからも比較的アクセスがしやすいシャムシーへ向かうことに。2015年に指定されたばかりの新しい野生動物保護区だ。ただ、「ぜひ行ってみて」と、心よく送り出してくれたものの、コウスツブフさんも、クバンさんもあいにく同行できないという。

スライヤ・リュークさんというアメリカの大学を卒業したばかりのSLTのインターン生が同行することになり、2日間分の食糧を買い込んで、ビシュケクから乗合タクシーに乗って1時間。カザフスタンの国境沿いにほど近い、トクモクという街に辿りついた。

トクモクで出迎えてくれたのが、エミル・ジャパロフさんという名前のとても陽気なレンジャーだった。生粋のキルギス人であるエミルは、ロシア語とキルギス語しか話せない。スライヤは、英語とドイツ語は話せるけど、ロシア語とキルギス語は話せない。私と菊地さんも同様に、ロシア語とキルギス語はさっぱりわからなかった。そのため、ボディランゲージでコミュニケーションを取りながら、エミルの車に乗り換えた。スライヤに、これからの道程を聞いても、「わからない」と答えるば

遠くから見るとおもちゃのようなフォルムのエミルカー。たくさんの人を乗せて雪道やガタガタ道を進むことができるが、よくスタックする。

かり。どうやら彼女はシャムシーを訪れるのは2回目のようだったが、寡黙であまり多くを語らない。

エミルが運転する車は、旧ソ連製の古くて大きな四駆だった。日本では見たことないような、いかつくてタフなカッコイイ車だ。大きなハンドルを右に左に回しながら、オフロードのガタガタ道を難なく進んでいく。ちょっとした浅い川ならなんのその。川を渡りながら低木を分け入って山の奥へと向かっていくと、時々、インドでも見た、ユキヒョウがよく食べるミリカリアが生えているのが見えた。

11月上旬とはいえ、このあたりの気温は、氷点下10度。所々に雪が積もり、ぬかるみ道も目立つ。トクモクを出発して3時間後、雪深くなってきたところで、ついに車がスタックしてしまった。前にも後ろにも身動きがとれない。アクセルを踏んでみんなで車を押してちょっと動かしては、また止まって……を繰り返す。これ以上はどうしようもないと諦めて、そこからは歩いて行こうということになった。大きなバックパックを背負い、両手に食材を持ってエミルの後に続く。山と岩と雪しか見えない荒野で、もちろん、すれ違う車もいない。吹きすさぶ風が頬に刺さるように冷たいし、食材を持つ手は感覚がなくなりそうな程だった。どこまで歩くんだろうと不安だったものの、結局、30分ほど歩いた先に目的地の小屋があった。シャムシーの入口にあるこの小屋は、エミルと甥っ子のカナットら、レンジャーが管理していて、ビジターが宿泊できるようになっていた。私たちは、ここで2泊しながら調査するというプランだった。

　言葉は通じないものの、陽気なエミルとコミュニケーションを取るのは楽しかった。手をワーッと広げながらのジェスチャーは実に表現豊かで、何を言わんとしているのか、ほぼほぼ理解ができる。薪を割り、暖を取りながら、みんなでわいわいと食卓を囲んだ後、「トイドゥン？」と聞くエミル。キルギス語でトイドゥンとは「お腹いっぱい」の意味。一瞬きょとんとしてしまった私たちに、今度は、「マーモット？　マーモット？」と言い直し、エミルは手で大きなお腹の弧を描いて見せた。ボディランゲージは、想像以上に言葉の壁を越えることができる。そのことを、野生動物を追い求め、異国の地を渡り歩いたおかげで、私は知ることができた。

　翌朝から早速、ユキヒョウの痕跡探しをスタート。標高は2500メートル程度だが、マツ科の常緑針葉樹トウヒがたくさん生え並び、完全な雪景色でも、岩山だらけの世界でもない。キルギスは、「中央アジアのスイス」と呼ばれるだけあって、山と緑が織りなす美しい風景が印象的だ。

この時はほとんど下見だったが、一応2つのミッションがあった。自分たちの赤外線カメラを仕掛けることと、SLFKが以前仕掛けた赤外線カメラを回収することだ。シャムシーで、SLFKのカメラが初めてユキヒョウの姿を捉えたのは、2016年。それからまだ1年しかたっていなかった。

しばらく歩くと、リンクスのものらしき足跡を見つけた。リンクスはユキヒョウと同じネコ科の動物だ。別名オオヤマネコと言われるだけあって、ヤマネコより大きいがユキヒョウよりも小柄。ユキヒョウとは対極的にかなり短い尻尾をもち、耳の上と頬の長い毛が特徴的な動物である。

雪の上だと足跡は見つけやすい。さらに行くと、ハングした岩の下でユキヒョウのものらしき糞を発見。彼らにとって糞はマーキングの意味を持つため、あえて雪がかぶらない、目立つような場所にすることが多いのだ。

ここに、共同研究者である菊地さんが持ってきた赤外線カメラを仕掛けることにした。結果、これが見事にビンゴ。糞があったから絶対撮れるだろうなとは思っていたけれど、首尾よく、一頭のユキヒョウの姿を捉えることができたのだ。最初は警戒されていた私たちだが、SLFKのカメラ回収というミッションも無事クリア。SLFKが仕掛けていたカメラでは、2頭の仔を連れたユキヒョウの姿を確認。それぞれの撮影成果によって、このシャムシーが繁殖場所になっているという事実の裏付けにもなった。

ミッションを無事完了できたこのシャムシー調査のおかげで、私たちは、SLFKの信頼を見事に勝ち得たようだった。強行突破作戦、成功である。

シャムシー野生動物保護区。小屋から少し歩いたところの景色はまるでスイスのよう。フィールド調査では、正面に見える山へと登っていく。

Chap. 4

世界初！ユキヒョウの水飲み論文

"Kyrgyz Republic"

Writing by こづえ

ユキヒョウを研究するためのフィールドがやっと見つかった。2018年8月、私と菊地さんは本格的な調査をするべく、キルギスに3回目の渡航を計画していた。

実は、初めての渡航のあと、今後研究を進めていく上で、SLFKの人々とより親睦を深めたいと考えた私は、コウスツブフさん一家とクバンさんを日本に呼び寄せていた。神戸市立王子動物園で「野生からの出張セミナー」（さとみがネーミング）と題したシンポジウムを開催。そこでふたりにユキヒョウやキルギスについての講演をしてもらい、そのまま彼らが帰る飛行機に一緒に搭乗し、再びキルギスへ。8日間の滞在だったため、ほぼ下見だったが、この時はクバンさんとシャムシーに行くことが叶った。それが、2018年3月のことだ。そうやってSLFKとの信頼関係を築くことができ、キルギスでいよいよ研究をするんだという決意のもと、同年の8月、3回目の渡航では約2か月間のロングステイを予定したのだった。

長期間滞在の理由のひとつは、シンポジウムがあったこと。コウスツブフさんがコンサヴェーション・アジアという国際学会（あのゴーパルと出会った学会である）を企画しており、そこで私たちのユキヒョウの話をしてほしいと言われたのだ。さらに、ユキヒョウの遺伝学関係の研究者を集めてセッションをしたいので、その取りまとめと司会をやってもらえないか、と私に依頼があった。大役をなんとかこなしながら、しかもこの時お腹を下していたため冷や汗をかきながら……、シンポジウムを無事終了。糞から遺伝解析でどうやって個体を識別し、生息数を推定するのか、その方法は世界で統一し、データを比較すべきではないか、などなど。非常に有意義な議論が交わされた。

会議後すぐにシャムシーへ向かった。2015年に野生動物保護区に指定されたシャムシーは、近くに民家があり、つい最近まで狩猟が合法的に行われていたエリアだ。そして、いまだに密猟の可能性が否定できない。一方、キルギス南部に広がるサリチャット・エルタシュ自然保護区は1995年に自然保護区指定されて以来、期間限定で特定エリアでの狩猟が許可されているものの（アイベックスやオオカミを狙うトロフィーハンティングがキルギスでは観光資源の一部になっている）、人家から遠く離れている上、保護区の範囲が広大なため、人が及ぼす影響はシャムシーに比べ、おそらく少ないはずである。本格的にキルギスで研究するにあたって、それぞれの糞を採取し、ホルモン値や食性を比較することで、人の影響が濃い地域とそうでない地域におけるユキヒョウの生理的なストレスの違いを調べたいと、私は考えていたのだった。しかしながら、糞を探してシャムシーを歩き続けたが、4日間の滞在で見つけられた糞は1個だけだった。

一方、高山に適応したユキヒョウの歩行の動きを研究したいと考えていた菊地さんは、獣道の川辺に赤外線カメラを設置。通常、ユキヒョウの姿を捉えたい場合、研究者ならマーキングポイントにカメラを仕掛ける場合がほとんどだ。マーキングポイントなら、その場に長く留まってくれるためより多くの情報が得やすいこと、尿スプレーの場合は尻尾を上げてマーキングするため性別を判別しやすいこと（睾丸の有無で雌雄を判別する）などが主な理由である。

ただ、菊地さんの場合は、歩いているユキヒョウの姿を捉えたいと考えていた。そのためマーキングポイントではなく、その通過点になりそうな場所に赤外線カメラを設置。小さな川が流れている場所なのだが、ここでなんと世界でも珍しい、ユキヒョウが水を飲む映像を捉えることに成功した。

例えば、中国奥地にくらすキンシコウなどもそうなのだけど、雪山に棲む哺乳類たちは、雪を食べて水分を摂取していると考えられていた。しかし、赤外線カメラに写っていたユキヒョウは、雪の中を流れる水をぺちゃぺちゃと飲み、去っていった。一方で、同じカメラには、アイベックスが雪を食べる姿が写っていた。辺り一面に積もる雪を食べれば、川に水を飲みに行くコストをロスすることができる。ただ、体熱で水を溶かす必要があるため、その分エネルギーは消耗する。どちらにしても、一長一短だ。

何かしらの理由で、ユキヒョウとアイベックスでは水分摂取の戦略が異なるのではないか。そう考えた菊地さんは、カメラの映像をもとに生態学的な視点から国際論文を書いて発表した。国際的なユキヒョウ研究においては、遺伝学研究者が多くを占めており、保全の観点から、遺伝解析によって糞から個体数を推定する研究が主流だ。それに対して、行動に関する研究成果は少なく、コウスツブフさんたちも、新しい視点の研究成果を発表できたと喜んでいた。

〔上〕雪ではなく、川の水を飲むユキヒョウ。水を飲む姿を捉えたのは、世界でも珍しく、研究成果として論文を発表したのは初めて。©Dale M. Kikuchi

〔下〕赤外線カメラが捉えたリンクスの写真。尖った耳に先っぽが黒く短い尻尾。ユキヒョウとはまた違った神秘的な魅力がある。©Snow Leopard Foundation in Kyrgyzstan

Chap. 4

標高4000メートル、天山山脈北麓へ

Writing by こづえ

"Kyrgyz Republic"

今回、長期間滞在した一番の理由は、サリチャット・エルタシュ自然保護区（以下、サリチャット）へ行ってみたかったからだ。サリチャットは、中国との国境線沿いに連なる天山山脈北麓に位置する2000メートルから5000メートル級の山岳地帯。およそ1500平方キロメートルもの広大なエリアが、1995年に保護区指定されており、そこにはユキヒョウをはじめ、さまざまな野生動物がくらしている。

クバンさんは、キルギスの大学に進学した後、ノルウェーの大学で修士号を取得。学生時代から、ここサリチャットでフィールドワークを続けてきた。当時は、ユキヒョウとオオカミの食性について調べており、論文を発表。キルギスの野生動物保全のNGOを経て、SLFKの立ち上げに携わり、今は代表を務めている。技術も経験も想いもあって、頼りになるフィールドワーカーだ。何よりも笑顔がチャーミングでお笑いが大好き。フィールドへの真剣なまなざしと、200点満点の笑顔の両面を見せてくれるナイスガイである。

さて、高山が連なるサリチャットは、もちろん気温が低い。私がシャムシーで着ていた服装のまま行こうとすると、「そんなんじゃ、耐えられないぞ」とクバンさんに言われ、ビシュケクの街を出る前に防寒着を買い足した。慌てて買ったので、有名アウトドアブランドのパチモンだったが（お得か否か、2つのブランドのロゴが1つの服に付いている……）、寒さがしのげればひとまずそれでよかった。

ビシュケクから東へ約180キロメートル。キルギスの北東に位置する内陸湖イシククル湖がある。海抜約1600メートルにある湖で、琵琶湖の約10倍もの大きさをもつ。イシクとは「温かい」という意味で、高い標高に位置するにも拘らず、冬場も凍ることがない。まるで海が広がっているような、茫洋とした美しい湖だ。

その湖畔の街、バルクチを過ぎて南下すること約150キロメートル。標高2800メートルにおよぶバルスコオンという渓谷エリアに着く。ビシュケクからここまでは、5時間くらいのドライブだ。バルスコオンをさらに南下すると、一気に標高4000メートルを超える瞬間が訪れる。大体3000メートルを超えてきたあたりで、シュワシュワと手足が痺れたような感覚が襲ってくる。来たぞ来たぞと思っていると、ほどなくしてまた標高3000メートル程度まで降りてくる。ものすごい高低差ドライブだ。ある地点に来ると、そこは中国との国境地帯。事前に申請していた許可証とパスポートを見せるチェックポイントがある。チェックするのは、マシンガンを手にした国境警備隊。なかなか物々しい雰囲気だ。

それからさらに4時間ほど車を走らせ、ようやく、サリチャットのベースキャンプに到着する。車窓からは、丸々と太ったマーモットがちょこまかと大地を歩く姿が見えた。褐色の大地をしばらく進んだところにベースキャンプとする小屋があり、そこで1泊。まさに掘っ立て小屋という感じのワンルームで、ネズミの棲み処になっているため、そこら中がネズミの糞だらけ。持ち込んだ食糧はネズミに食べられないよう、天井から吊して置いておく。

すぐそばをネズミが走る気配に身の毛がよだつ（野生動物は好きだが、頭の周りを小さいものがうろうろするのはちょっと……）なか、ここで、3人のレンジャーと、クバンさん、私と菊地さんの6人が川の字で寝ることになった。女性は私一人。フィールドワーク中は、細かいことを気にしてはいられないが、正直、可能であるならテントで寝たい……。と、思うが早いか、電気を消し、「グッナ〜イ！」と言った瞬間からクバンさんがいびきを立て始めた。クバンさんは、私が知るなかで最速の寝付きを誇る人である。ほかの人たちもすぐに寝息を立て始め、気づけばガーゴーといびきの大合唱。ネズミの走る音も加わって、小屋の中は一層にぎやかになった。

翌日からは馬に乗り換えて、自然保護区内にある一番奥の小屋を目指した。ゴールまでは直線距離で約13キロメートル。馬に乗って歩くこと、実に5時間の道のりである。そこを拠点にユキヒョウの痕跡を探しながら、赤外線カメラを仕掛けていくのだ。

サリチャットは、これまで見たことのない壮大な風景が広がっていた。5500メートル級の山々が乾いた大地を取り囲み、山から流れ出る雪解け水が一本の川になって大地を蛇行しながら流れていく。人家が遠く離れているため、人工物は一切なく、目に映るのは物言わぬ岩と雪山と川だけ。翡翠のような輝きを放つ石がゴロゴロ落ちていて、目が惹かれた。熱帯雨林でフィールドワークしたときは、鳥の声や虫の声であふれ、目に飛び込む情報量も多く生きものの密度の濃さを感じたが、ここでは対照的なほど、生きものの気配はほとんど感じない。生きものはもちろんいるのだが、広大すぎる面積に対してその密度は高くはない。緑はほとんどなく、時々低木が生えているくらいだ。

川沿いをひたすら上流に進んでいく。目指す山の麓は最初からずっと見えているのに、一向に距離感が縮まらない。目の感覚がおかしいのかと思うほど、風景の奥行きが果てしなく感じる。山嶺に囲まれた起伏ある風景でありながら、こんなにも広く、ダイナミックな世界を私は今までに知らなかった。自分の存在とは、なんて小さいのだろうと思う。

密度が高くないとはいえ、アルガリ、アイベックス、ノウサギと、ユキヒョウの餌動物である草食動物の姿も時々見かけた。ここには、ユキヒョウ以外にも、ヒグマ、オオカミといった肉食動物が命を繋いでいて、糞や死骸などその痕跡があちこちで見られた。

ユキヒョウが好きそうな見晴らしのいい場所もたくさんあった。特に好きそうだなと思ったのが、2つの川が合流し、1つの川になるような場所。二股に分かれていく道を、尾根線に立って見渡すことができるからだ。そこで、獲物が来るのをじっと待つユキヒョウの姿を頭の中で思い描いた。私の目がうんと良かったら、遠くの山の岩肌にいるユキヒョウの姿が見えたかもしれない。

規格外の自然が広がるサリチャット。今後、シャムシーとともに、個性の異なる2つのエリアを比較しながら調査することができたなら、きっとおもしろい研究になる。そう確信して初めてのサリチャットを後にした。

果てしなく広がるサリチャットの景色。一体、何キロ先まで見えているのだろう。一頭ぐらい、ユキヒョウの姿が写っていてもおかしくないと感じてしまう。

野生と動物園を繋ぐ〝スピカメ〟

Writing by こづえ

　動物園の動物は、都市と野生を繋ぐ「親善大使」である。私は常々そう思ってきた。私が研究してきたユキヒョウ然り、オランウータン然り、一般の人が野生動物に会える機会はなかなかないけれど、動物園でなら目の前で生きた動物の存在に触れることができる。世界には、さまざまな動物がいること。自分たちが生きている環境だけがこの世界ではないということを知るために、動物園はとても貴重な場だと思う。動物園の動物も野生動物も、そして、私たちの暮らしも、野生動物の生息地にすむ人々の暮らしも。すべては同じ地球上で地続きに繋がっているということを多くの人々が知ることが、「まもる」ことに繋がっていくはず。私は、そう信じているのだ。

　そのために、動物たちがくらす本来の野生を感じてもらえるような発信を、動物園と一緒に実施していきたいと考えていた。モンゴルやインドでの活動映像をさとみが発信しているうちに、ありがたいことに動物園側からそうしたお声がけを多くいただくようになってきた。そんななか話題に上がったのが、大牟田市動物園の雌のユキヒョウ、スピカだった。

　2016年4月14日に発生した熊本地震。この震災によって熊本市動植物園では獣舎が破損する被害が生じた。そのため、肉食動物を近隣の動物園に避難させることになり、スピカが福岡県にある大牟田市動物園に一時的に引き取られることになった。そして、大牟田市動物園に移動したスピカは、同園が以前より取り組んでいたハズバンダリートレーニングに参加するようになる。

ハズバンダリートレーニングとは、動物たちの心身の健康管理に必要な行動を動物たちに協力してもらいながら行うトレーニングのこと。例えば、麻酔を打つなどして動物の身体を固定して採血するのではなく、採血の時には伏せをしてもらうなど、その姿勢を維持してもらうように動物の協力を得ながら訓練する。動物福祉の向上に力を入れている大牟田市動物園では、2014年よりこのハズバンダリートレーニングを積極的に取り入れていた。動物への負担を心身ともに軽減させることができる上、健康状態を把握するのにも役立つからだ。

スピカは、順調にトレーニングを重ね、ユキヒョウとしては国内で初めて無麻酔採血に成功し、他にも体重測定、爪切り、駆虫薬の滴下を無麻酔下でできるようになった。そして、2018年秋には復興した熊本市動植物園に戻る計画が進んでいた。来る時は、麻酔をかけて輸送箱に入れられて運ばれたスピカだったが、熊本へ帰る時は自分の足で輸送箱に入ってもらえるよう、ハズバンダリートレーニングを開始。輸送箱へと繋がる動物用通路(シュート)を歩く練習をし、扉の開け閉めをする音にも慣れるようにした。

そんななか、大牟田市動物園・企画広報担当の冨澤奏子さんと飼育係の伴和幸さん(2023年現在、豊橋総合動植物公園に在籍)から、「九州で唯一のユキヒョウを飼育する動物園として、野生下のユキヒョウ保全活動に繋げるべく、研究活動への寄付を募るイベントを企画したい」と私たち双子に連絡をいただいた。そのミーティングのなかで、大牟田市動物園のおふたりからおもしろいアイディアが出てきた。「シュートを歩く練習の際、同じ場所を何度も通るなら食紅などで足跡をとって、それを寄付いただいた方への返礼品にできないか」と。そこに動物園のスピカの足跡から野生のユキヒョウの足跡へとつなげるプロジェクトストーリーをさとみが提案した。「スピカの足あとプロジェクト」のはじまりである。そして、スピカが歩く練習中に、白い画用紙を床に貼り付けて、芸術的な足跡をとることに成功。それらをラミネート加工したものを返礼品とし、twinstrustが主宰する「まもろうPROJECT ユキヒョウ」への寄付を募る、というものだった。

2018年5月、3回目のキルギス渡航の直前、大牟田市動物園で開催された「スピカお誕生日会」で、事前にお伝えしていた野生のユキヒョウの話や保全活動についてを、私たちに代わって冨澤さんたちが来園者にお話しし、最後に「スピカの足あとプロジェクト」への寄付を募ってくださった。するとと、多くの共感を呼び、なんと2日間で14万円以上の寄付が集まった。冨澤さんから送られてきた写真の中には、小さな子どもたちが500円玉を握りしめて、寄付をしてくれる姿もあり、胸がじーんと熱くなった。私たちは、その寄付金をもとに赤外線カメラを一台購入。スピカのカメラだから、スピカメ。これを今回の渡航に携帯し、カメラトラップを仕掛ける予定だったのだ。捉えた映像は、もちろん動物園でもお披露目する予定だった。

このスピカメを私は、シャムシーへ8月に訪れた際に設置していた。サリチャットでのフィールドワークを経た後、9月にもう一度シャムシーに戻って、このスピカメを回収する計画だったのである。

仕掛けたのは、高くハングした大きな岩の下。見晴らしが良く、いかにもユキヒョウが好きそうだとひと目見た瞬間に思った。しかも、その岩の下にはマーモットの糞がたくさん落ちていた。よく見ると、マーモットの巣穴も発見。ここからなら広い視界で獲物を探せるし、好物のマーモットも獲れるし、きっとユキヒョウが来るんじゃないか。そう思って赤外線カメラを取り付けようとすると、フィールドをよく知るレンジャーから「ここにはいないよ」と言われてしまい、下山することになった。でも、なんだかモヤモヤして、途中まで下山したものの、「やっぱりあそこに仕掛けたい……」と諦めきれず、再度登り直してカメラを設置。再び登るのは体力的にも精神的にもかなりしんどかったけれど、中腹から見上げたその岩はとても大きく目立っていて、どこから見てもユキヒョウが好きそうで……。絶対来るはず！　と思ったのだ。

高くハングした大きな岩山。地面にマーモットの巣穴があり、見晴らしがいい。尿スプレーも吹きかけやすそう。

設置してから約3週間。再びシャムシーに戻り、ドキドキしながらスピカメを回収。すると、なんと赤外線カメラに向かってシャアー！　と口を開けて威嚇する雄のユキヒョウの姿が写っていた。現地でそれを確認した瞬間、思わず、雪の上にひっくり返って「いたー！」とシャウトした。頬には、うれし涙が伝っていた。

しんどい思いをして設置した場所に、自分の狙い通りの場所に、ユキヒョウがちゃんと来ていたこと。野生と動物園を繋ぐ、みんなの想いが詰まったスピカメで、ユキヒョウの姿を捉えられたこと。その嬉しさと安堵感で、胸がいっぱいになった。

Chap. 4

肌で感じることの大切さ

"Kyrgyz Republic"

Writing by さとみ

私もキルギスへ行きたい。その気持ちが高まったのは、スピカの足あとプロジェクトで確かな手応えを感じたからだった。こづえが帰国した後、大牟田市動物園で私たちは講演を行った。スピカの物語やトレーニングの様子、キルギスでの調査風景、そして、みんなの寄付金のおかげで撮影できたスピカメの映像……。それらを繋ぎ合わせて、一本のムービーを作り、講演会で流した。一番前の席には、500円を握りしめて寄付してくれた男の子の姿もあった。講演が終わったその日の午後、スピカはハズバンダリートレーニングの成果により、無麻酔で自分の足で歩いて輸送箱に入ることができ、大牟田市動物園を後にした。動物園での取り組みが、来園者の心を動かし、野生に繋がる。まさにスピカは野生からの親善大使。冨澤さんと伴さんからいただいたアイディアのおかげで、保全活動への参加型の新たな形を見いだせた気がした。

でも、映像を見て編集するだけでは足りない。伝える側の人間として、現地の空気を五感で感じ、今後の活動に活かしたいと思った。こづえがネパールやキルギスを開拓している間、当時私は、とある動物園の周年事業や、社会課題に取り組む企業の案件を担当していた。モンゴルやインドの時のように現地で私ができることは明確にはなかったけれど、「さとみも、キルギスの調査地を自分の目で見て、ユキヒョウのことを伝えてほしい」と、こづえも背中を押してくれた。そして、何か新しいプロジェクトができたらいいな、という想いをほのかに抱えながら、初めてキルギスに降り立ったのが、

2019年4月だった。こづえが27日間に及ぶ滞在に対し、私はGWと有給休暇を使って14日間の旅程を予定していた。

共同研究者の菊地さんが数日遅れてキルギス入りする予定だったので、私たち双子は、それまで街を巡ることにした。首都ビシュケクは、キルギス料理をはじめ、ウズベキスタン料理にロシア料理など、多国籍なお店が並ぶ。オープンカフェや緑豊かな散歩道もあり、「あれ、ヨーロッパに来ちゃった?」と思うほど端正な街並みが広がっていた。大通りには、水路が張り巡らされていて、山脈の氷河が溶けて流れてきたミルキー色の水が、街の樹木や公園の木々を育てているという。

街を歩くと、ユキヒョウのモチーフがよく目に飛び込んできた。銅像、看板、ロゴなどなど。キルギス人は、ユキヒョウを国のシンボルとして愛しているのだろう。露店では、ユキヒョウを描いた絵がずらり。よく見ると絵のタッチはそれぞれに違うものの、岩の上に立つユキヒョウの背景やポージングがよく似ていて、恐らく同一の写真か資料を参考に描いたものだということが容易に想像できた。山奥にくらすユキヒョウの姿を、キルギスのほとんどの人は見たことがない。日本人なら動物園でその姿を見ることができるけれど、ほぼ家畜しかいないキルギスの小さな動物園にユキヒョウの姿はないそうだ。

イシククル湖へはある目的があって訪れた。遊牧民のユルタで宿泊体験ができるユルタキャンプを経験したかったのだ。ユルタとは、モンゴルでいうところのゲルのこと。ほぼ同じ形状をした伝統的な移動式住居だが、キルギスではユルタと呼ばれている。モンゴルとキルギスでは遊牧形態が異なり、モンゴルでは水平の遊牧といって夏と冬で平坦な場所を移動するが、キルギスは垂直遊牧と呼ばれ、夏は標高が高いところへ、冬は低いところへと移動する。ユルタに泊まり、モンゴルで過ごしたゲルとどう違うのかを比較してみたかった。

私たちが泊まったのは、観光用に立てられたユルタ。イシククル湖は瀬戸内海のように穏やかで美しく、湖畔に立ち並ぶユルタは、人気のバカンス場所になっているようだ。ちょうど平成から令和に変わる長期休暇だったからか、珍しく日本人のバックパッカーたちに出会った。まさに令和になる瞬間を、ボルシチを食べながら彼らと乾杯して過ごした。ちなみに、後でラジオで知ったのだけど、偶然にも、令和になる瞬間をユーミンもボルシチで祝っていたらしい。偶然の一致に、勝手に運命じみたものを感じて、こづえとともに小躍りした。

イシククル湖の東端には、カラコルという街があり、そこへも私たちは足を延ばした。カラコルはキルギスで第4の都市。ビシュケクと違って、そこまで高い建物はなく、どこかのんびりしているように感じた。街の一角には、JICAのオフィスがあって「一村一品プロジェクト」による数々の商品が並ぶお店もある。一村一品プロジェクトとは、JICA主導の事業のことでキルギスでは2006年から始動。JICAの協力のもと、地域の特産を付加価値の高い商品に変えて販売し、経済の活性化を図るというものだ。旧ソ連の崩壊後、キルギスでは地方での仕事がなくなり、貧困問題が深刻化。とりわけ、村落部の女性は、家事以外で外出する機会がなく、地位が低い状態になってしまったという。JICAの一村一品プロジェクトは、地域の素材で世界と繋がる商品を作りながら、地元の人にとって貴重な現金収入を生み出すというすばらしい取り組みだった。

キルギスでは質の高い羊毛があり、それを用いたフェルト製品をはじめ、蜂蜜やジャムなど、店頭では魅力的な特産品に目を奪われた。なかには、羊毛フェルトのユキヒョウの姿もあり、手づくりならではの味に心惹かれた。この時は、完全に観光客気分でショッピングを楽しんでいたのだけれど、ビシュケクに戻った後、時間潰しのために立ち寄ったＪＩＣＡショップで、思いがけず、話が急展開することになった。

「日本人ですか？」と声をかけてくださったのが、店内にいたＪＩＣＡプロジェクトの原口明久さん。原口さんは、キルギスでこの一村一品プロジェクトを成功させた第一人者で、キルギスにあった遊牧民のフェルト文化や養蜂文化を活性化。一村一品プロジェクトの商品を日本でも販売できるよう、品質管理や生産体制、そして、キルギスの人々で運営できる人材育成や組織づくりを行なっていた。twinstrust の活動やユキヒョウ研究の話にも熱心に耳を傾けてくれ、その場で「ぜひ何か一緒にやりましょう！」と、原口さん持ち前のワクワクするような楽しい口調で、大変ありがたいお申し出をいただいた。翌日からは、菊地さんも合流してシャムシーでの調査（私にとっては初めてのキルギスでのフィールドワーク）を予定していたため、下山後に再びＪＩＣＡのオフィスへ行くことを約束して、心躍らせながらその日は別れた。

Chap. 4 "Kyrgyz Republic"

密猟者との思わぬ邂逅

Writing by さとみ

初めて訪れたキルギスの生息地・シャムシーでは、ちょっとショッキングな出来事があった。回収した赤外線カメラに、なんと密猟者の姿が写っていたのだ。回収したカメラは、ＳＤカードをパソコンに読み込んでその場で確認することができる。パソコンの画面に映し出されたのは、大きな銃を携えた人物が、犬を連れ、馬に跨って山奥へと入っていく姿だった。狩猟した獲物こそ写ってはいなかったが、シャムシーは禁猟区。銃の持ち込みも禁止されているので、完全にアウトな状況であることは間違いない。

野生動物保護区になってまだ間もないシャムシーでは、密猟者が完全にいなくなってはいないという。さすがにユキヒョウを狙う密猟者は少ないと思われるが、例えば、アイベックスの角は工芸品の材料として価値があるし、貯金文化のないキルギスでは、金銭目的の狩猟も可能性はゼロとは言えない。趣味としてのトロフィーハンティング以外に、村の人々が法を犯してまで猟をする理由は、いくつかありそうだった。

さらに驚いたのは、その密猟者本人に帰り道でバッタリ会ってしまったことだ。シャムシーから車で帰る途中、ヒッチハイクをしている男性がいた。その人物こそ、映像に写っていた密猟者だったのだ。エミルと一緒に、私たちと同行していたエコツーリストのベザートさんが車を降り、密猟者と会話を始めた。先ほどの映像と目の前の人物がそっくりなことに気づいた私とこづえは、「どうするんやろ」「やばいんちゃう?」「現行犯逮捕かな」と、言葉が通じないことをいいことに日本語でひそひそ話していた。

ベザードさんは、ラダック出身のインド人で、野生のユキヒョウを見るエコツアーをラダックで成功させていた。それをキルギスでも実現できないかと、視察に訪れていたのだ。ベザードさんは仕事ができる人で、昨夜のうちに密猟者の写真をスマホに収めていた。いつの間に！　と私たちが驚いているそばで、彼はスマホの写真を密猟者に見せながらカマをかけているようだった。本人がシラを切ったため、その場は何事もなく収まって、なんとその密猟者を本人の希望通り、村まで乗せて行くことになった。密猟者、ヒッチハイク成功なり。現地のレンジャーに対応を任せるべきと考えていたので、部外者の私たちが無論、口を挟むことはなく、むしろ、密猟者と握手までして、約1時間のドライブを共にした。研究者と密猟者、ある意味、貴重な並びだなと思い、私は、思わずカメラのシャッターを押してしまった。その後、ビシュケクに着き、SLFKに出来事を共有。クバンさんは、警察に事情を話し、後日、密猟者へは注意喚起がされたという。

今もなお、トロフィーハンティングが観光資源としても文化としても根付くキルギス。どうしたら密猟を防げるのか、現実を目の当たりにし、なかなか難しい問題であることを実感させられた。

下山後、約束通り、原口さんと、一村一品プロジェクトを運営する現地団体「OVOP＋1」のリーダーであるナルギザさんと会い、ミーティングをした。せっかくコラボするのだから、オリジナルキャラクターであるユキヒョウさんを活かしたデザインにしたい。それを、できることなら、日本の動物園の売店においていただけたなら、とても嬉しいことだ。どんな商品が良いのか、一度、私の方で考えてみることになった。ここからは、クリエイターである私の得意領域だ。

街を歩けば、さまざまな所で目にするユキヒョウの絵や像。生息国に来なければわからない、人々と野生動物の関係。今回の旅でもまた、それを強く感じた。

希少な野生動物と、その生息国の人々の暮らし。それを守るための寄付・応援の新たな形が実現できるかもしれない。サリチャットへ調査に向かうこづえを残して、一足先に帰国の途についた私の頭の中は、ひらめきとワクワクで満たされていた。自分の足で行ってみないとわからないこと、感じられないこと、開かれない道がある。出発前は、モンゴルやインドの時と違い、単なる観光客という立場にすぎない自分に悶々としていたけれど、やっぱりキルギスに行ってみて良かった。今まで以上に、ユキヒョウの活動に心が弾んでいた。

Chap. 4

匂いから考察する動物の世界

Writing by

こづえ

"Kyrgyz Republic"

首都ビシュケクでさとみを見送った後、私と菊地さんはクバンさんと共に、サリチャットへと向かった。サリチャットでは、これが2度目のフィールドワーク。圧倒的なスケールの大自然のなかを馬で進み、ユキヒョウの糞を拾い、GPSで糞の位置をマッピング。そして、仕掛けていた赤外線カメラを回収し、また仕掛け直すという作業をひたすら行う。前回とやっていることはほとんど変わらないが、今回は、前回仕掛けておいたカメラトラップの成果を見られるというご褒美がある。

この時の成果で、私は野生動物を研究する上での重要なヒントを授かった。「匂いのコミュニケーション」という新たな視点である。

ユキヒョウのマーキングスポットに仕掛けた赤外線カメラには、ユキヒョウ、そしてオオカミの姿が写っていた。モンゴルやインドにもオオカミは生息しているが、私自身がこれまでカメラで捉えられたことは一度もなく、その時初めて肉食動物、それも生態系の頂点捕食者が同所的に存在することを証明する映像が撮れたのだった。興味深いのは、ユキヒョウは夜、オオカミは昼と、写っていた時間帯は異なるものの、そこにインタラクションが見られたことだ。

ユキヒョウのマーキングポイントに訪れたオオカミは、マーキングの匂いを嗅ぐと尻尾を脚の間に巻き込み、怯えたような動作を見せた。他の動物は、オーバーマーキングと言って、マーキングの上書きをすることも多いが、オオカミはオーバーマーキングすることはなく、そそくさと去っていき、ユキヒョウを避けているように思えた。

それまで、繁殖生理学を専門とする研究者として、糞から得られる情報にフォーカスをしていて、どちらかというと赤外線カメラはそこにユキヒョウがいることを確認・証明するためのものだった。でも、この時のオオカミの姿を見て思い出したのが、モンゴルで写っていたユキヒョウ親仔だった。母親がカメラに向かってフレーメン反応をした後、仔どもたちも母親にならって次々と口を開けていた。フレーメンとは、匂いを嗅ぎ分ける時に起こる反応のこと。母親のユキヒョウは、匂いを嗅ぐことの大切さを仔どもたちに教えていたのではなかったか。匂いというものは、動物たちの世界にとってとても重要な情報ではないか。オオカミの行動をきっかけに、その視点に気がついたのだ。

2019年の調査時は、新しいポイントにも赤外線カメラを設置。少しハングした岩の壁に、ユキヒョウのマーキング跡があった場所だった。コロナ禍では、私たちに代わってクバンさんがカメラを回収してくれることになり、撮影データを送ってもらった。

そのマーキングポイントは、一見何もないような場所に見えて、どうやら獣道のようだった。入れ替わり立ち替わりで様々な動物がやってくる様子が写っていたのだ。

群れで通り過ぎるアイベックスたちの姿。マーキングの匂いを嗅いで立ち去るオオカミたち。昼夜構わず、出没し排泄するアカギツネ。壁にはりつきながらマーキングの匂いを夢中で嗅ぐムナジロテン。二本脚で立ち上がって、マーキング跡がついた岩に背中をこすりつけるヒグマ。ヒグマには背中を擦る行動があり、これが彼らのマーキングに当たる。ちなみにそのヒグマは雄で、背中をこすりながら性的興奮をしている様子が映像からうかがえた。ユキヒョウに限らず、その岩がマーキングに適した形状と立地であったということも理由として考えられるけれど、同じ場所で色々な動物たちがマーキングするという事実は、とても興味深かった。

マーキングとは、基本的に、縄張り主張や、発情など自分の生理状態のアピールなど、同種間のコミュニケーションを主とする行動だと考えられてきた。しかし、赤外線カメラの映像では、マーキングポイントには多種の動物が訪れており、インタラクションが発生。つまり、どうやら異種間のコミュニケーションにも、マーキングが何かしらの意味を持つことが推察された。恐らくは、異種間においても他の個体を避けるための意味合いが強いのだと思う。でも、例えばアメリカでは、ハイイロギツネがピューマの排尿跡で全身に匂いをつけるようにこする行動が観られているなど、それだけでは説明のつかない、他に何か別の理由がある可能性も大きい。いずれにしても、彼らは、匂いでコミュニケーションを取っているのだ。

私たち人間は、視覚の世界で生きている。かつて所属していた霊長類研究所は、世界最先端の霊長類研究を誇っていたが、霊長類は私たち人間と同じ視覚の世界で生きているので、同じ目線で研究することができた。でも、ユキヒョウや他の動物たちが、人間には感知できない匂いの世界で生きているとしたら？　そう考えた時、動物園において、適切な飼育環境を整えるには、目に見えるものだけではなく、匂いという観点からのアプローチも非常に重要なのではないか。赤外線カメラの映像のおかげで、あらためてそう気づいたのだ。

例えば、日本のとある動物園では複数頭のユキヒョウが飼育されており、曜日や時間帯によって各個体が入れ替わって同じ展示場を使用する。そうすると、本来は繁殖期だけに発する「アオー」という声やスプレー行動が、雌雄問わず頻発する傾向が見られる。

一方で、とある動物園では、雄と雌のユキヒョウを、一頭ずつ別々に飼育している。そこでは、雄は毎日のようにスプレーをするが、雌は繁殖期以外行わない。そして、鳴くこともない。これらの事実には、きっと匂いの影響が色濃く出ていると思う。

また、異種間における匂いのコミュニケーションが重要という仮説から考えると、飼育下での最適な嗅覚環境は、おそらく動物によって異なる。他の動物の匂いが漂う場所では交尾をしなくなるという個体もいれば、他の動物の匂いがあるからこそ交尾の意欲が湧くという個体もいるかもしれない。動物たちの匂いのコミュニケーションを知ることができれば、飼育下での繁殖に活かせることがきっとたくさんあるはずだ。

ユキヒョウは、どんな匂いのコミュニケーションをしているのか。同種間ではどういうやりとりがあって、他種間ではどんな駆け引きがあるのか。そこに焦点をあてて赤外線カメラを仕掛け、野生のユキヒョウの世界を見続けたい。そして、その周りには必ず糞が落ちているので、その糞から発情やストレス状態を調べ、生理的なデータと行動を照らし合わせた考察がしたい。それこそが、私の研究の新たなテーマとなった。世界でもまだ誰ひとりとして研究したことのない分野だ。というより、誰もそんなことをやろうなんて思わなかったのだろう。そして、その研究結果を動物園にフィードバックしていくことも、私の大きなモチベーションのひとつである。

保全活動とは、脅威やリスクから単に物理的に動物を守れば良いというものではない。動物が発信

サリチャットで見つけたユキヒョウの尿スプレー跡に仕掛けた赤外線カメラの撮影画像。
〔上〕オオカミの群れが横切りながら匂いを嗅いでいる様子。
〔下〕ユキヒョウの尿スプレー場所で背中をこする雄のヒグマ。

しているメッセージを知るということも、大切な保全活動のひとつだと私は思う。

大学で繁殖生理学を勉強した私は、動物園での人工授精について研究していた。でも、そのうちに人工授精技術そのものよりも、「なぜ自然繁殖しないのか」という根本的な原因の方に興味が移っていった。その場所で繁殖をしないということは、彼らにとって仔どもを産めるような安心した環境が整っていない、仔孫を残したいと思える環境ではないということなのだろう、と。

もしかしたら、匂いのコミュニケーションこそ、その謎を解くための重要な手がかりになるのではないか。

目にうつる全てのことは　メッセージ――（荒井由実「やさしさに包まれたなら」より）

ユーミンの代表曲の一節のように、カメラと糞から得られる動物たちのすべてのメッセージを受け取りたい。そして、そこから私なりの保全活動へと繋げていきたいと思う。

Chap. 4

ユキヒョウさん、海を渡る

“Kyrgyz Republic”

Writing by

さとみ

IUCNレッドリスト（2017年）の参考資料によると、ユキヒョウの生息数は、世界で7367頭から7884頭。12か国におよぶ生息地のなかで、生息数第1位の国が中国の4500頭、2位がモンゴルの1000頭、そして、3位がインドの516頭から524頭だという。そして、520頭。これは、JICAと共に私たちが手掛けた羊毛フィギュア「まもろうPROJECT ユキヒョウ ぬいぐるみ ユキヒョウさん」が、日本で販売された数のこと（2022年12月時点）。ユキヒョウの生息国ではない日本で、「ユキヒョウさん」が、インドのユキヒョウに匹敵するほどの人々の手にわたった。それは、とても嬉しい出来事だった。

2019年5月、キルギスから帰国した私は、早速、JICAプロジェクトの原口さんへ商品化のアイディアを送った。現地の特産である羊毛を使った、オリジナルキャラクターであるユキヒョウさんをモチーフにしたグッズのアイディアだ。これまでにも私たちは、クラファンの返礼品として、モンゴルでもインドでも現地の羊毛グッズを購入していた。現地の人々の暮らしと日本の支援者、動物園と野生を繋ぐという意味でとてもいい形だなと思っていたので、いつかオリジナルのデザインで、現地特産品の何かを作れたら、という想いをほんのりと抱いていた。とはいえ、何もないところから現地開拓するのはハードルが高いし、日本人が満足するレベルまで商品のクオリティを高めるのには、相当な時間も労力もかかる。そこに渡りに船とばかりにご縁をいただいたのが、ＪＩＣＡだった。「一村一品プロジェクト」を通し、すでに多くの実績と土台を持ち、活動を続けているＪＩＣＡとコラボレーションできたことは非常にありがたかった。

原口さんの実行力はすばらしく、ちょうど2か月後の7月に日本への出張があるとのことで、ナルギザさんや現地のスタッフとともに試作品を持ってきてくれた。日本で打ち合わせした内容を、原口さんたちがキルギスへ持ち帰り、現地で手作りしてくれている女性たちにフィードバックしていくという流れだ。

初回は、売れ筋を調べる意味でもいくつかバリエーションを作ってみようという原口さんのアドバイスで、フェルトのぬいぐるみのほか、コインケース6種類、尻尾の形のストラップ2種など全17種類の商品を制作した。ユキヒョウさんのキャラクターデザインは、もともと平面の2次元。それを立体に起こすのはなかなか難しかったけれど、キルギスの女性たちがイラストにも忠実な形で絶妙にかわいいデザインに落とし込んでくれていた。

もともと、ユキヒョウさんのキャラクターを作ったとき、どうしたら絶滅に瀕する種である、というメッセージも背負いながら、愛される存在になるのかについて、頭を巡らせていた。日本は、キャラクター文化が盛んな国。キツネやタヌキが化けたり、感情移入したりすることで、その生きもののことを理解しようとする習慣がある。そんな日本人から愛されるには、かわいすぎても、リアルすぎてもいけない。ユキヒョウさんを生み出すときに、キャラクターデザインに精通するアートディレクターの先輩に相談すると、「キティちゃん方式はどうかな」とアドバイスをもらった。鼻があるけど、

いくつもの国境を越えて日本にやってきた、ぬいぐるみたち。段ボールを開けると、思わず「おつかれ～」と言ってあげたくなる。鼻が口のようにも見えるが、それもご愛敬。

口がない。口がないと、受け手は、自分の心に浮かんだことをキャラクターに投影することができる。例えば、絶滅危惧種や密猟といった重たい話や真剣な話でも一方的に押し付けることなく、キャラクターがうまくメッセージを表現してくれるよ、と。

そして、依頼したのが、物言いたげな目を描くのが上手なイラストレーターの馬込博明さんだった。最終的にゆるキャラのタッチに仕上がっているものの、馬込さんは、何度も多摩動物公園に通ってユキヒョウをスケッチ。こづえからもしっかりユキヒョウの特徴を聞いて、尻尾や耳の形、模様などはできるだけ忠実に再現。その結果、ユキヒョウの神秘的な雰囲気と、孤高の忍者っぽさ、かわいらしさが同居するキャラクターが出来上がったのだった。

商品化では、やはりこのユキヒョウさん

のぬいぐるみが一番の売れ筋となった。模様や表情が少しずつ異なるのも、ひと針ひと針、手作業でつくる手づくり品ならではのご愛敬だ。ネットでの販売のほか、仕入れてくださる動物園も増え、SNSの投稿などで持ち主たちに愛されている様子を見るのが何よりも嬉しかった。

このプロジェクトは、JICAとOVOP＋1とtwinstrustによる共同制作。完成品をtwinstrustが仕入れ、その売り上げをSLFKに寄付することで、保全活動に役立てるというプランだった。SLFKのクバンさんは、キルギスの子どもたちに向けた環境教育をやりたいと話していた。キルギスの人たちは、動物園でユキヒョウを見る機会もない。生息国なのにユキヒョウのことを知る機会もあまりないという。それならば、寄付金で子どもたちをフィールドワークに連れていくためのミニバンを購入するのがよいかも、とクバンさんと話して決めた。そして、ついに2022年6年、寄付金によってミニバンの購入が実現した。納車の日。車が届いたよ！　とクバンさんは、即座に嬉々としたメッセージをくれた。そこに添えられた写真には、SLFKのドライバー、ムルザさんが誇らしげな満面の笑みで写っていて、こちらまで思わず頬が緩んでしまった。

さらに2022年2月には、twinstrustとして新商品「ユキヒョウさんの　SNOW HONEY」をリリース。ユキヒョウがくらす山の近くでとれる、世界でも珍しい白いハチミツだ。古くからキルギスの遊牧民に活用されてきた高山植物、エスパルセットを蜜源にした単花の非加熱ハチミツで、とても希少性が高い。かつては、キルギスでこの白いハチミツが作られていたが、他の花の蜜も入った黄色いハチミツの流通と同時に消滅。それを、現地農家とともに復活させたのが、またしても原口さんだった。原口さんの功績は、すばらしい。キルギス国内でも人気のこのハチミツは、JICAを通して日本各地に流通。いまや、地域の人々の暮らしを支える一大事業になっている。「ユキヒョウさんのSNOW HONEY」は、ユキヒョウさんの顔を瓶で表現。目と鼻と模様が描かれた瓶に、白いハチミツが映える一品が完成した。まるでユキヒョウのように白いハチミツは、口の中でゆっくり溶ける上品な甘さでとてもおいしい。特に、パンやスイーツ、紅茶やチーズに合わせると絶品だ。キルギスでは、来客があるとパンと紅茶に合わせて、ハチミツを振る舞う文化がある。キルギスを象徴する味が、ここには詰まっている。

こんな具合で、コロナ禍でキルギスへの渡航ができなくなってしまったなかでも、「ユキヒョウさん」グッズたちはいくつもの国境を越え、日本にやってきていた。そして、現地との関係を繋ぎとめるように、私たちはキルギスの人たちと関わり続けていた。

キャラクター「ユキヒョウさん」の顔を全面に描いたパッケージデザインの白いハチミツは、ぬいぐるみと同じく多くの人に愛されている。

Chap. 4

"Kyrgyz Republic"

野生から動物園へのフィードバック

Writing by

こづえ

コロナ禍を経て、3年ぶりのキルギス渡航が実現したのは、2022年9月のこと。時間が空いた分、想いもやりたいことも山積してしまい、様々な目的を兼ねることになった。普段のフィールドワークにくわえ、学生の引率、JICAプロジェクトの視察、サリチャットへさとみを連れていくことなどなど。そして、初めての取り組みとして、動物園の飼育スタッフの方が同行することになった。札幌市円山動物園でユキヒョウ飼育を担当している工藤菜生さんである。

工藤さんとの出会いは、2019年。学生を連れて円山動物園を訪れたときに、工藤さんが担当するユキヒョウの展示場の前で立ち話をしたのが最初だ。キルギスでのフィールドワークについて話がおよぶと、興味津々で「私もぜひ行きたいです」と工藤さん。「いつか一緒に行けたら行きましょうね」と軽い口約束はしていたものの、コロナ禍に突入。3年越しに叶ったのだった。

ユキヒョウの生息地やフィールドワークについて話すと、興味を持って「行きたい！」と言ってくれる人は少なくない。でも、気軽に行ける場所ではないぶん、ほとんどはその場限りで終わってしまうのだけど、工藤さんは常に本気だった。

出会ったその日に「飼育展示場の参考にしたいので、キルギスの写真をください」と言われ、後日シャムシーで撮った写真を送ると、ユキヒョウの展示場を見事にアレンジ。キルギスと緯度がほぼ同じである北海道の山を登って植生を調べ、似たような低木の草を展示場に移植。砂を敷いた床の上には、大小さまざまな形の岩を設置。「完成しました！」と、送られてきた写真を見たとき、植生も景観もシャムシーの環境にかなり似ていて驚いた。

2022年は、日本と中央アジア5か国・コーカサス諸国3か国の外交関係樹立30周年を記念する年だった。そこで、10月23日の「世界ユキヒョウの日」にむけて、外務省と円山動物園とtwinstrustが協働し、円山動物園でイベントをしましょう、ということになった。イベントでは、ユキヒョウの生態や置かれている状況だけでなく、現地の人々の暮らしや文化を紹介。来場者に、現地の文化について知ってもらうことで、環境保全に対するより深い意識を持ってもらうのが狙いだった。

その打ち合わせのために、東京の外務省を訪ねていた工藤さんと、さとみが会ったのが7月末。ちょうど9月からキルギスに行くけど、工藤さんも一緒に行きますか？　と半ば冗談でさとみが話したところ、「行きます！」と工藤さんは即答。お酒の席だったのでノリで答えたのかなと思いきや、数日後、上司に相談したと工藤さんからメッセージが。海外旅行の経験もなく、パスポートもない。3回目のコロナワクチンも打っていない。出発まで1か月ちょっとしかない……という状況をもろともせず、思い立ったら即行動。驚くほどの行動力があるパワフルな女性なのだ。

サリチャットへの遠征も含め、私たちが1か月間の滞在を予定していたなかで、工藤さんが滞在するのは一週間だけ。そのため、アクセスがしやすいシャムシーで共にフィールドワークをすることにした。動物園で毎日ユキヒョウと向き合っている工藤さんは、さすが観察力に優れていた。あそこの岩にユキヒョウがいそう、この草はユキヒョウが食べそうなどなど。レンジャーとはまた違う視点から、ユキヒョウがくらす世界を見ていることが新鮮だった。

特に植物の観察眼が興味深かった。緯度が近い北海道とキルギスでは、やはり植生が似通っているようで、「北海道の山にも、似た草があった」と次々に教えてくれたのだ。また、工藤さんは温湿度計を持参し、フィールドの湿度を常に計測していた。ここで得たデータを飼育に活かすためだという。飼育しているユキヒョウのために、フィールドから吸収できるものはすべて吸収したいという強い熱意を工藤さんは持っていた。

帰国後、工藤さんはキルギスで見て感じたものについて、生息環境だけでなく人々の文化も、写真やエピソードを交えて来園者に伝えていた。老若男女が訪れる動物園で、動物を通して異国の文化を伝える。それは、生息国の人ですら、なかなか観られない希少な動物を飼育する、日本の動物園の大事な役割のように思えた。

動物園と野生を繋ぐことは、野生動物を研究する私にとって、大きな願いのひとつだ。野生で得た知見を動物園の動物たちに還元できたら、そんなに嬉しいことはない。飼育係の工藤さんの行動力と熱意のおかげで、またひとつ新しい形で動物園と野生を繋ぐことができた。私たちの活動が微力でもその架け橋になれたのなら、生息地での活動を続けてきてよかったと心から思う。

Chap. 4

無力ではなく微力と信じて

"Kyrgyz Republic"

Writing by さとみ

3年ぶり、私にとっては2回目のキルギス渡航で、初めてサリチャットへと足を踏み入れた。ここに行くには、2週間の休暇では足りない。前回は日程の都合上、シャムシーのみの同行だったため、今回はどうしても、人が暮らす世界から遠く離れた自然保護区、サリチャットまで行きたかった。まさか会社員が1か月近くも休むなんて、普通の企業ならあり得ない話かもしれないけれど、「あ、ユキヒョウの活動ね」と、事情を知る私の上司や同僚は心よく送り出してくれた。

片道5時間の乗馬移動。その道のりの大変さとリスクを、散々こづえから聞いていた私は、渡航前の1か月間、片道1時間かけて乗馬クラブに足繁く通った。優雅に乗馬する皆さんの横で、一人登山ウェアに身を包み、登りの姿勢、下りの姿勢をひたすら繰り返す。事情をスタッフの方に話すと、それは大変だと、中央アジアの乗馬動画を探してきて、親身になって教えてくれた。そんなこんなで、自分なりに万全の準備をしたものの……サリチャットに到着し、入口にある小屋で一泊。そこで、予想外の出来事が発生してしまった。食あたりか、水が合わなかったのか、高山病の一種か、もしくは、コロナ禍で菌への耐性が極端に減ってしまったのか。早朝からお腹を激しく下してしまったのだ。

冷や汗が出るほどの腹痛の中、馬の背中に揺られる時間は、苦行でしかない。振動が辛い、姿勢を保つのも辛い。片道5時間、一度も馬から降りられない道程を思うと、行くも地獄、引き返すも地獄。

できるだけ心を無にして、とにかく流れに身を委ねるしかなかった。でも、そんな意識をしてもしなくても。どこまでも広がる山嶺と大地が織りなす壮大な景色の中をひたすら馬の背に揺られ歩いていると、いつの間にか大自然と自分が一体化していくような、無の状態になっていく……そんな感覚があった。肌を撫でていく冷たい風の感触、乾いた大地の匂い、馬の動きに揺られながら伝わってくる振動。感情や思考が止まるかわりに、感覚だけが妙に鋭くなる。

映像や写真を通して事前に思い描いていたイメージよりも、目の前に広がる風景は遥かに壮大で、神々しかった。5時間の乗馬の末、ようやく小屋に着き、日が暮れる前に早速赤外線カメラを取り付けることになった。ところが、一歩進むごとにお腹が下り、牛歩状態の私は、皆から大分遅れをとってしまう。息を切らしながらふと顔を上げると、360度ぐるりと見渡しても誰の姿もない。壮大な風景のなかで完全にひとりぼっちだった。徐々に暮れていく夕陽。風すら吹いていない。耳に届くのは自分の呼吸と心臓の音だけ。日本にいればスマホや人の声、環境音など、何かしらの音や情報を常に浴びている。まるで宇宙空間にいるような、無限に広がる無音の世界は、今まで体験したことがないものだった。「SILENCE」で始まるユーミンの歌が脳裏をよぎった。

この世界でひとりだけの　この生命で一度きりの私　誰か教えてよ――　（松任谷由実「July」より）

その瞬間、自分の中で何かがパーンと弾けたような、そこに存在している喜びと解放感が私のなかに芽生えた。そして同時に、こんなにも荘厳な景色を前にして、自然を守ろうだなんて、なんておこがましいことだろうと思った。ここで保全活動をしようとすること自体、驕りなんじゃないか。それよりも、自分の生息地、つまり日本で、自分の暮らしを整えろ。そう言われている気さえした。

前回のキルギス渡航後の2020年。私は会社のなかで、新たなプロジェクトチームを立ち上げていた。「DENTSU生態系LAB（以下、生態系ラボ）」という名のチームで、生態系保全や環境課題を起点としたコミュニケーションを創造するクリエイティブユニットだ。生態系ラボでは、生態系保全に関するあらゆる課題を、長期的な視点（つまりは、研究者寄りの目線や中立な立場）でアウトプットしていきたいと考えていた。研究者とコラボレーションして、動物の未解明な部分に目を向ける絵本を作ったり、絶滅危惧種が抱える問題を日常で感じられるARコンテンツを開発したり。仕事なのでもちろんお金が流れる仕組みを作ることは大前提だけれど、流行り廃りに翻弄されるのではなく、物事の本質に向き合いながら、アウトプットして世に問うような活動がしたかったのだ。

それまでも、仕事でSDGs案件に携わる機会が増えていた。でも、やっている内に疑問が生じることがあった。SDGsも保全活動も、誤解を恐れずに言えば、最終的には人間が生き残るためのもの。どんな活動も続けるにはお金が必要で、特にビジネスにおいては、人間が起点になりがちだ。想いがあって、一生懸命に取り組んだとしても、人間の想像を超えない限り、結局はまた生態系が崩れて、自分で自分の首をしめることになる。今やっていることは、本当に正しいと言えるのだろうか、と。そんなとき、仲間とともに立ち上げたのが生態系ラボだった。誰かの正解を描くのではなく、地球のこと、生態系のことについて、みんなで考えていくために、クリエイティブの力で世の中に小石を投げ続ける。それが、私にできる精一杯のことじゃないかと思ったのだ。

一村一品プロジェクトで働く女性たち。和気あいあいと楽しそうな声が部屋中に響いていた。おしゃべりしながら、でも手元は職人技で。

無事に山での調査を終え、サリチャットをあとにした私たちは、原口さんの案内で、3日かけて羊毛フィギュアや蜂蜜の生産現場を訪ねることになっていた。キルギスの女性たちは、明るく大らかで働き者。言葉は通じないけれど、現場で彼女たちが働く姿を目の当たりにし、時折笑顔を交わしながら、心の距離が縮まっていくのを感じた。日本人に顔が似ていることも大きいかもしれないけれど、親戚の伯母さんたちのようなそんな親近感があった。一村一品プロジェクトは、現地の人にとって貴重な現金収入となり、さらには、彼女たちの自信と誇りにもなっているという。

日本からはるか遠く離れたキルギスの田舎の村と、ユキヒョウを通して繋がっているという事実。それは、私自身にとっても自信と誇りだとあらためて実感した。

この地で育まれたユキヒョウさんがはるばる海を越え、ぬいぐるみの顔がひとつひとつ違うように、手に渡った人のもとでそれぞれに絆を紡いでくれたなら、これ以上に嬉しいことはない。

サリチャットで、自分のなかに芽生えた無力感は、依然として心に巣くっていた。でも、私たちは微力だけどきっと無力ではない。そう信じたいという気持ちが、ユキヒョウを通して出会えた人々との交流で、私の中にまたむくむくと膨らみつつあった。

ユキヒョウの活動はやればやるほど、自問自答が増えて、考えが行ったり来たりする。でも、保全活動に、絶対的な正解はないと私は思う。広告の仕事でも、いいアイディアを思いついてこれが正解だと思っていたら、後から他にもっといいアイディアを思いついて、ああ、こっちが正解だったなと思ったり。研究の世界でも、何かを発見したらそのあとに必ず次のわからないことが待ち受けていたり。どんなことにも正解はないし、終わりもない。だから私は、自分の足で生息地に赴いて、自分の肌と心で感じて、考え続けていきたい。不器用で生真面目なぶん、その方法が自分にはいちばん合っている。そのことを、twinstrust での経験を通して、そして、私とほぼ同じ人間である双子姉が日々研究者として奮闘する姿を見て、気づかされた。

だから、これからも私たちは好奇心と傷つく心を持って、新しい何かに出会いながら、旅を続けていくのだと思う。いくつになっても、二人三脚で、ユーミンを聴きながら。

Chap. 4

双子の未来は霧の中

"Kyrgyz Republic"

Writing by

✦

こづえ

　コロナ禍、ＪＩＣＡとＯＶＯＰ＋１とtwinstrust で共同制作したユキヒョウさんの羊毛フィギュア。その売上をＳＬＦＫに寄付し、購入したミニバンとも現地で対面することができた。何もないところからスタートし、多くの支援が集まった結果を、こうして目の当たりにするのは感慨深い。白いミニバンのボンネットに、ユキヒョウさんの顔のロゴステッカーを貼ろうとクバンさんが提案してくれた。さとみはキルギス語で描いたユキヒョウさんロゴを作ったが、クバンさんは敢えて日本語のロゴを貼って子どもたちに私たちのことを伝えたいという。大きく貼られたユキヒョウさんステッカーは、少し目が歪んでいるのがご愛敬だった。

　私たちが訪れたのは9月だが、すでにミニバンは稼動していて、夏休み期間中には環境教育のために大活躍をしたという。ビシュケクの9つの中学校で合計72人をミニバンに乗せて、シャムシーでのエコキャンプを実施したそうだ。日本のようにユキヒョウを飼育する動物園もなく、生息国に住みながらユキヒョウについて学ぶ機会が少ないというキルギスの子どもたち。エコキャンプをはじめ、こうした環境教育を受けられる機会が増えれば、きっと次世代の環境保全に役立つだろう。

　参加する子どもの対象年齢を13歳と14歳にしたのには、理由があるとＳＬＦＫスタッフのアイベックさんは言った。15歳以上になると後期中等教育（日本の高校にあたる）への進学や就職など進路が決まっている子が多い。逆に初等教育（日本でいうところの小学校）以下だと保護者がついてきて、

twinstrust からの寄付金により SLFK が購入したミニバン。座席は、運転席含め13席。2022年の夏休み以降、たくさんの子どもたちを連れてシャムシーへ。

自分ごと化しにくい。でも、13歳と14歳ならその先の人生が未知数であると同時に、自分自身で将来を考える時期だからだという。

思えば、私たち双子が、それぞれの道を思い描いたのも13歳の頃だった。私は動物の道に進みたいと決意し、その後、大学、大学院と進み、繁殖生理学を研究。動物が好きなことはずっと変わらなかったけれど、神戸市立王子動物園で雌のミュウと雄のティアンという2頭のユキヒョウを観察していた時には、想像もできなかった未来に今は立っている。それは無論、私ひとりの力によるものではない。

まだ博士号を取得したばかりの学生だった頃から、「おもしろい！」の一言で、色々な方がチカラを貸してくださり、目の前の小さなゴールを積み重ねていくうちに、大きなゴールへと膨らませることができた。今、野生ユキヒョウの研究・保全活動を通して、たくさんの仲間が私にはいる。それは国境を越えてモンゴル、インド、ネパール、そしてキルギスにも。ユキヒョウは私にとって、ご縁を運んでくれる招き猫だ。

そして何より、私にとって大きな存在がさとみだった。もとはひとりの人間として生まれるはずが、何かのいたずらで双子になり、研究者とコピーライターになった私たち。伝えるプロであるさとみのおかげで、ユキヒョウの輪がどんどん広がって、動物を研究するだけでは辿りつけなかった景色を見させてもらっていると実感している。お互いが本気な分、ぶつかることもあるけれど、自分の分身である双子という関係性だからこそ、過酷なフィールドも、未知なるプロジェクトも手を取り合い、挑戦することができたことは間違いない。ちょっと大げさかもしれないが、私たちはこの「ユキヒョウ」という生きもののために、生命（いのち）をわけあったのかもしれない。そんな風にさえ、思うのだ。未来はまだまだ霧の中。12か国の国境を越えて生きるユキヒョウのように、私たちもノーボーダーで活動しながら、これからも新しい化学反応をたくさんの人たちと起こしていきたいと思う。

雪を抱く峰がゆく手にそびえ立つ
Help me Help me Help me
誰も来ない　遠い遠い遠い ひとつの声
目をそらさずに *Watch me!*　腕をのばして *Catch me!!*
そこから抜けだして　私といっしょにみつけよう

伝説の国 *Shangrila* ――（松任谷由実「SHANGRILAをめざせ」より）

ヒマラヤ山脈の奥地には、雪山に囲まれた美しい理想郷「シャングリラ」があるという（ジェームズ・ヒルトンの長編小説『失われた地平線』より）。そこでは、雄大な大自然のなかで、幸福に満ちあふれた人々が平和に暮らしているそうだ。その理想郷から見える雪山には、きっとユキヒョウやオオカミ、アイベックスたちもくらしているに違いない。想像でしかないけれど、いくつものユキヒョウの生息地に赴いてきた私たちには、シャングリラの世界で生き生きと山を駆け巡る野生動物たちの姿を、リアルに思い描くことができる。

ユキヒョウの活動から得た、かけがえのないもの。それは、美しい大自然のなかに身を投じながら、まさに理想郷のような土地の魅力を肌で感じられたことかもしれない。この先も、ユキヒョウや他の動物たち、そして人々が平和にくらしている、いくつもの「シャングリラ」に出会えることを信じて、歩み続けていきたい。ユキヒョウのように、太くしっかりとした足どりで。

2022年キルギスにて。ユキヒョウの生息地に初めて行った2013年のモンゴルから、もうすぐ10年になる。

※本書を通して得られた収益の一部は、野生ユキヒョウの保全活動に役立てられます。

編集・構成　曽田夕紀子（株式会社ミゲル）
デザイン　根本真路
イラスト　山口洋佑

幻のユキヒョウ

双子姉妹の標高4000m冒険記

発行日　2023年4月30日　初版第1刷発行

著者　ユキヒョウ姉妹
（木下こづえ・木下さとみ）
発行者　小池英彦
発行所　株式会社 扶桑社
〒105-8070
東京都港区芝浦1-1-1
浜松町ビルディング
電話　03-6368-8875（編集）
03-6368-8891（郵便室）
www.fusosha.co.jp

印刷・製本　株式会社 加藤文明社

NexTone　PB000053671号

ISBN978-4-594-09401-0

木下こづえ

双子の姉。1983年生まれ。京都大学大学院アジア・アフリカ地域研究研究科 准教授（2023年4月より）。専門は動物の保全・繁殖生理学。2006年より動物園にて絶滅の危機に瀕するユキヒョウの研究を開始。2012年から野生ユキヒョウの研究調査地を開拓。生息地におけるユキヒョウや人々の暮らしを伝えるべく、研究の傍ら、2013年にコピーライター/CMプランナーの木下さとみと「まもろうPROJECT ユキヒョウ」を運営する任意団体「twinstrust」を設立。

木下さとみ

双子の妹。1983年生まれ。九州大学大学院芸術工学府修了後、2008年電通入社。コピーライター/CMプランナーとして数多くの企業、商品ブランディングを担当する傍ら、ユキヒョウの特徴を表現したキャラクターや歌、グッズを制作し、ユキヒョウの魅力を広く発信。生息地で得た経験から、社内にクリエイティブユニット「DENTSU 生態系 LAB」を設立。そのご縁で、2020年冬に「松任谷由実『深海の街 Album Message Movie～1920』」の映像制作にも携わる。

**まもろうPROJECT
ユキヒョウ**